襪子變娃娃

手創玩家 貓小P ——— 著

就愛襪ㄟ娃娃

我喜歡手作，例如用鞋盒做提籃、用手套做貓玩偶、毛巾做成抱枕、口罩變成手機袋。現在，我最愛用襪子做成的娃娃。

開始用襪子做娃娃，是因為我心愛的小貓可可。可可是一隻巧克力色帶著魚骨斑紋的蘇格蘭摺耳貓，牠平常最愛以L坐姿待在窗邊看風景。在牠過世之後的某一天，因為很想念牠，所以拿了一雙條紋襪子，塞了棉花，剪剪縫縫，做成了一隻坐姿貓咪，也開始了我用襪子創作貓娃娃的日子。

我的貓咪是襪子做的！

因為想重現自家愛貓的模樣，所以開始動手做。可可的坐姿、小肥糖的大頭呆樣、圓圓喜歡趴趴走、小紅豆老是窩趴著的模樣、Bubi的站姿，還有包子愛用肥肚倚靠牆邊的模樣……這些貓娃娃後來都發展成為〈Cat-Sky*貓小P〉的品牌娃娃，有Happy Coco、Lovely呆呆貓、拎小貓、PapaCat、BabyCat、MoneyCat和元氣貓系列，我常常帶著這些貓娃娃參加創意市集。

襪子不只能穿在腳上

由於材料襪取得便利，價格便宜，不需要特殊紙版型才能剪裁，只要學會基本縫製技法，即可製作，也因此襪子娃娃成為近年來手藝界的流行寵兒。

對我來說，襪子本身就是創作娃娃的重要創意來源。挑選襪子時，我會根據襪子上的顏色、圖案、尺寸……等因素考量，思考這雙襪子可以拿來做成什麼樣的娃娃造型？

用一整雙襪子做一隻娃

相較於利用襪子當作布料使用，增加其他素材的製作方式，我個人偏好使用同一雙襪子做一隻完整的娃娃，盡量完整運用襪子的所有部份。

製作之前，我會把一雙襪子哪裡該剪裁，哪裡該做什麼形狀的位置都分配好，在紙上試畫出來，再用消失筆畫在襪子上。

襪材能充分使用是最好的，但難免會有剩下的襪材，建議可以把它拿來做成娃娃的衣服或配件，而一些零碎襪材也可以改製成小雜貨喔。有些造型簡單的娃娃只需一隻襪子就可以製作了，那不妨就做三個成對的娃娃！

充分發揮襪子特性

襪子形狀與彈性是製作襪子娃娃的最大特點。在襪子裡塞入棉花做造型時，當棉花多一點或襪子的彈性較鬆軟時，造型就會比較蓬鬆或大一點，所以在做襪娃娃時，棉花該使用多少量是無法實際計算的，只能用手揉棉花的感覺與製作經驗自行拿捏。

我會依據襪子本身的形狀、尺寸大小、顏色、圖案和長度等來設計娃娃，譬如利用船型襪本身形狀特點，做成趴趴兔與胖灰貓；或利用有顏色的襪子腳尖處，做成小熊、小羊、小熊和小猴子的臉部。

襪娃、布娃製作方式大不同

我在襪娃娃教學中，經常被學生問：「為什麼我做得娃娃跟妳的娃娃長得不一樣？」關於這個問題，就要從襪子娃娃的特性來說明。襪子娃娃和布娃娃製作上最大不同就是，製作襪娃娃不需要版型。

製作布娃娃時是先在布上畫出紙型，把形狀剪下，再按位置縫合好，因為布料沒有彈性，形狀大小也是固定的，把棉花塞飽之後，通常可以做出大小相同的娃娃。但襪子娃娃製作的關鍵，是利用襪子的彈性與塞棉技巧塑造出形狀，就算是製作經驗豐富的手創者，也很難做出一模一樣的襪娃娃。當然，這也是手工襪娃娃的最大特色。

體驗襪娃的創作樂趣

我在這本書示範的作品，是以童話故事主角為創作對象，讀者在閱讀時，彷彿把故事重讀了一遍。我最喜愛綠野仙蹤與小木偶奇遇記的娃娃造型，小木偶的手腳是可以活動的，長鼻子、頭髮、衣服、帽子，也都是根據主角的個性與特色搭配製作。

縫製襪娃娃非常簡單，只要多做幾次，熟練後一定可以製作出很棒的娃娃。大家跟著書中內容，將技巧練熟之後，可以發揮自己的創意，做出屬於自己風格的娃娃，並從中體會縫製娃娃樂趣，這才是最珍貴的成就感。希望你們都可以因為這本書，跟我一樣體會到手作襪子娃娃的迷人樂趣。

目次

PART 2
寵物篇

小老鼠　　　　034

白文鳥　　　　035

趴趴兔　　　　040

灰胖貓　　　　044

大頭狗　　　　048

PART 3
童話篇

PART 1
技法篇

基本材料與工具

襪子

花草、水果、格子圖案襪
花紋襪子很可愛，有許多顏色和圖案可選擇，可製作的娃娃類型比較受限，可以用來製作衣服帽子等配件。

色塊襪
利用色塊襪製作的娃娃看起來很逗趣，將色塊當成娃娃的臉部，更突顯焦點。內文中以色塊襪設計的有狗狗、小熊、猴子與小羊。

素色襪
沒有圖案花紋，或是圖案範圍較少。

條紋短襪
條紋襪通常適合拿來製作斑馬或貓咪這種身上有條紋的動物。

船型襪
依據本身特殊的襪型所製作出來的娃娃很特別，內文中像招財貓的小耳朵、趴趴兔的頭與窩著的身體，都是用船型襪做出來的。

長襪、半筒襪
長襪可拿來製作大一點的娃娃，例如馬或大野狼，也適合製作長身體的娃娃。

使用一雙襪子製作一隻娃娃，是我作品的最大特色。我會先畫設計圖，把襪子的每個部份都分配好，完整地將襪子用完，發揮它最大作用。如有多餘的部份，可以做成娃娃的配件，或變成實用小雜貨。剩下的襪材可以做插針包、逗貓棒、娃娃的圍巾、帽子、瓶罐裝飾、收納飾品的小袋子等。

棉花

軟棉花
纖維細、綿、密，不易塑型。製作小細節的部份，可用觸感柔軟綿密的棉花。

硬棉花
纖維外觀較捲曲，彈性佳、容易塑型。如果襪子彈性較鬆，容易把襪子撐開，棉花會外露。製作頭部、身體等部位，適合使用彈性佳，較易塑型的棉花。

裝飾

 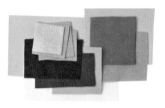 

繡線
線有光澤、立體，多用於臉上表情，如嘴巴、鬍鬚。

不織布
製作娃娃的眼睛、鼻子、帽子、配件等。

釦子、黑色糖果珠
可做娃娃的眼睛、鼻子、固定手腳、配件。黑色糖果用來製作娃娃的眼睛。

手縫線
縫娃娃用20號手縫線，亦可用來縫娃娃的眉毛、嘴巴等。

毛線
製作娃娃的毛髮。

鬆緊帶、鈴鐺、緞帶
製作娃娃配件。

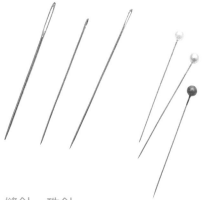

縫針、珠針
縫合工具,珠針可暫時固定布料,方便縫合,縫表情時可以協助定位。

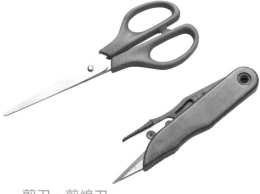

剪刀、剪線刀
裁縫襪子或繡線。

保麗龍膠
黏貼眼睛、鼻子、嘴巴、配件時使用。

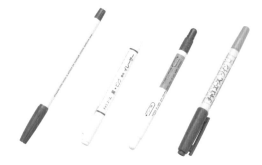

消失筆
可畫在布上,便於剪裁形狀或縫上線條圖案,時間久了之後顏色自然消褪,也可沾水讓顏色褪去,白色筆頭部份是可除去顏色的可擦筆。

襪子娃娃洗滌方式

1 輕柔搓洗
襪子娃娃最好用手洗，倒少許洗衣精或冷洗精在冷水桶裡，稍微攪一下讓洗衣精充分散開。將娃娃整個放入水裡，手指輕輕搓揉娃娃表面髒污。娃娃勿在水中浸泡過久。

2 清水洗淨
將整個娃娃放在清水下沖洗，將泡沫髒污沖乾淨。

3 不可扭擰
當娃娃整個泡在水中或取出水桶時，切勿擠壓娃娃，也不要擰乾娃娃，以免娃娃內部棉花因不正常擠壓而變型。

4 放洗衣袋再脫水
沖淨後，將娃娃置於洗衣袋內，再放入脫水機中脫水。娃娃放在洗衣袋裡可防止與洗衣機槽內磨擦或碰撞受損。

洗完澡好清爽！

5 晾乾
將娃娃取出充分晾乾。洗過澡的娃娃，會感覺它裡頭的棉花變得較緊實，像定了型，棉花變得較沒彈性，這是因為裡棉花水洗後的氈化作用，屬正常現象。

本書使用方法

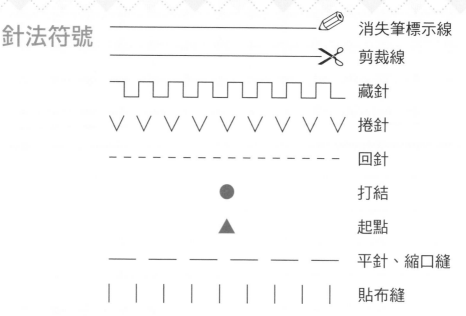

針法符號

———————— 消失筆標示線

———————— 剪裁線

⎍⎍⎍⎍⎍⎍⎍ 藏針

∨∨∨∨∨∨∨∨∨ 捲針

— — — — — — — 回針

● 打結

▲ 起點

—— —— —— —— —— 平針、縮口縫

| | | | | | | | | 貼布縫

注意事項

＊寵物篇示範作品是以真實寵物模樣發想，大家不妨觀察家中寶貝的動作與表情，設計出不同重點。

＊童話篇因主角眾多，因此只挑選重點作品示範，其餘則以插畫步驟說明。

＊書中針法皆有固定標準符號，組合時請依圖中指示操作。

＊因襪子大小沒有統一的規格，且具有彈性，所以示範步驟中皆不標示尺寸或長短，讀者依大致位置剪裁即可。

＊棉花多寡與使用的襪子有關，可以自己喜歡的蓬鬆度增減份量。

＊作品示範的表情只是參考，因為手作的特色就在於不必統一標準化，大家可以發揮自己的創意，使用不同配色或材質，搭配出不同感覺。

＊所有部位縫死前，建議利用珠針調整位置，待滿意之後再下針固定。

哪裡買

＊襪子可於網路商店、襪子專賣店或生活雜貨店選購。

＊工具及材料可於網路商店、手藝材料行、生活雜貨店或文具用品店購買。

＊棉花可於網路商店、手藝材料行、永樂市場購買。

基本縫製法

打結

1 線在下，針在上，呈十字型放於食指上。

2 拉線繞針2～3圈。

3 拇指與食指壓住針與線圈，另一手將針從上方抽出。

4 完成打結。

按部就班，
慢慢來！

1 由布表面出針。

2 往前入針、出針,針距自行調整。

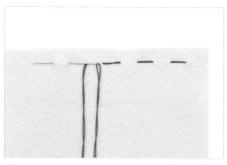

3 重複動作2,繼續往前入針、出針,縫製需要的長度。

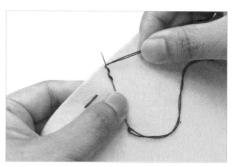

4 打結,針放在出針點上,拉線繞針2圈。

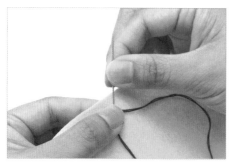

5 壓住線圈後,抽針,完成打結。

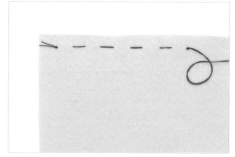

6 完成。

Tip 平針縫多用在裝飾線或縮縫(縮口縫),縮縫時以平針縫後,再將線拉緊,布會呈現皺褶波紋狀。針距與拉線後的鬆緊度,會影響皺褶波紋的大小與緊密呈度。類似的縫法可參考P.　縮口縫技法。

半回針

1 由表布入針後。

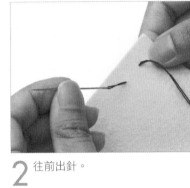

2 往前出針。

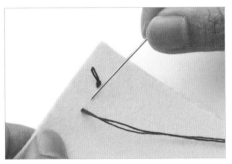

3 由出針點後方一半的地方入針。

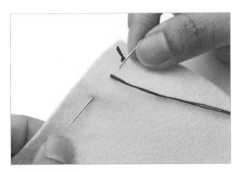

4 往前出針。

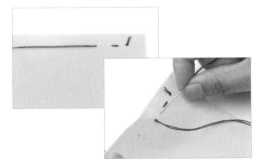

5 再從出針點往後一半的地方入針，往前出針。

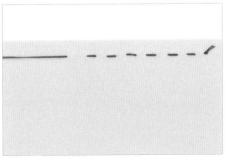

6 重複步驟5縫至所需長度。

基本縫製法

0 1 7

全回針

1 由表布出針後。

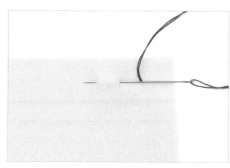

2 往前入針、出針。

3 往後在前一針針尾處入針。

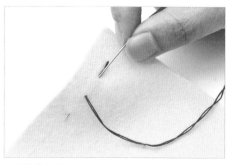

4 往前出針。

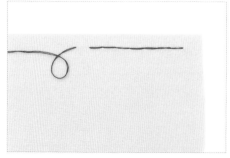

5 重複步驟3、4，縫至所需長度。5 再從出針點往後一半的地方入針，往前出針。

微笑嘴巴可以這樣縫！

捲針

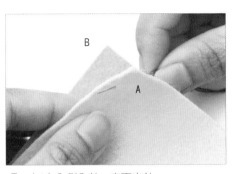

1 由A布內側入針，表面出針。

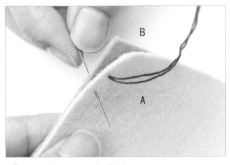

2 由B布入針，A布出針。

3 重複步驟2，由B布入針，A布出針。

4 縫至所需長度。

5 完成。（針距與長寬度自行調整）

要一針一線，
仔細縫製喔！

頭與身體接合的藏針縫

適 用

頭、手、腳、尾巴與身體
的接合

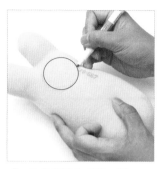

1 在身體接合處畫一圈。

2 畫出上下左右4個點。

3 頭部接合處畫一圈。

4 畫出上下左右4個點。

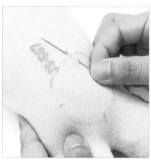

5 由身體畫圈內入針，點出針。

6 由頭部的點入針，往前出針。

7 由頭部出針點相對位置的身體入針，往前出針。

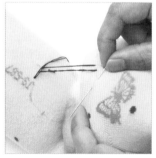

8 接著由身體出針點相對位置的頭部入針，往前出針。

9 重複步驟6與7，入針與出針的針距要盡量接近或平均。

10 縫到4分之1圈，點對點後，把縫線拉緊。

11 繼續縫完一圈。

12 找到最接近出針點的線，針挑起線。

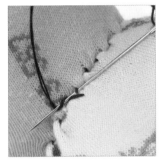

13 線繞針2圈。

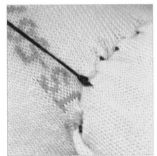

14 抽出針，打結。

15 從縫裡將線頭藏入襪中後，再剪線，完成。

仔仔細細、不疾不徐。

Tip 藏針縫又可稱為對針縫，也有人叫它隱針縫。

開口的藏針縫

 適 用

耳朵、手、腳製作時，開口以藏針縫合後，呈現拉鍊型的扁狀。

1 開口往內摺入。

2 在開口上下兩各畫一條線。

3 標出對點記號。

4 由開口側邊入針，下點出針。

5 由上點入針，往前出針。

6 由上端出針點相對位置的下端入針，往前出針。

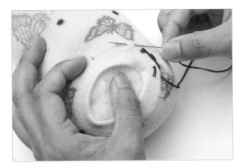

7 再由下端出針點相對位置的上端入針，往前出針。

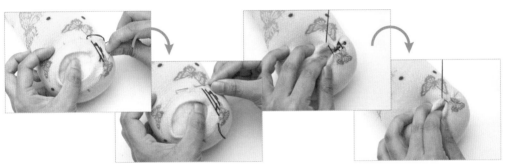

8 重複動作6與7，入針與出針的針距要保持相同，縫至點對點。

9 拉線後，開口縮緊。

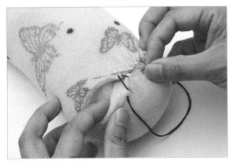

10 繼續藏針縫。

11 縫完後拉緊線，襪材布料呈現拉鍊狀，看不到縫線。

1 接上頁，藏針縫至最後往
回縫一針。

2 找到接近出針點的縫線，
用針挑起。

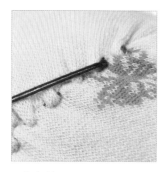

3 線繞針2圈

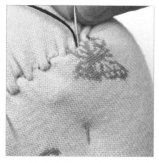

4 打結。

5 針穿入縫內，從較遠處出
針。

6 把線頭拉入襪子裡。

7 把線剪掉。

8 藏針縫完成。

完成！

嘴巴的輪廓縫

1 在臉上畫上鼻子及嘴巴位置與形狀，從鼻子入針，嘴巴出針。

2 出針處後方入針，前方出針。

3 再往後從上一針的縫線尾端下方入針，前方出針。

4 重複步驟4，直到填滿線條。

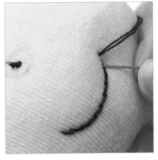

5 嘴巴縫至最後一針，由上一針縫線尾端下方入針，從鼻子出針。

6 打結。

7 剪掉多餘的線。

8 鼻子上膠黏貼固定，把打結的線頭黏藏於鼻子底下。

9 用可擦消失筆去除畫線。

縮口縫

 適 用

頭、身體、腳、球尾巴製作 縮口縫合
後是呈放射狀。

1 從襪子開口內側入針，表面出針。

2 以順時針方向平針縫。

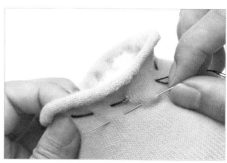

3 縫一圈後再往外圈多縫一兩針，使縫線超
過起始針處。

4 把線拉緊，將襪口往裡塞。這時候的縮口
仍然有點鬆。

5 繼續以順時針方向，平針縫皺摺一圈。

6 線拉緊，縮口變小。

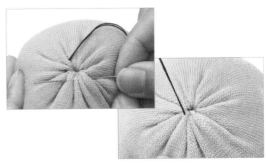

7 以縮口為中心，在出針點對面入針，在縮口左側出針（保持順時針方向）。

8 線拉緊後，同樣方式在出針點對面入針，順時針方向出針。完成一個十字拉線，讓縮口更緊。

9 針挑起縮口中間的線，線繞針2～3圈。

10 打結。

11 針從中間的洞穿入再從其他地方出針，把線頭藏在襪中，再剪線。

貼布縫

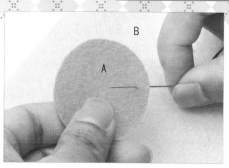

1 由A布內側入針，表面出針。

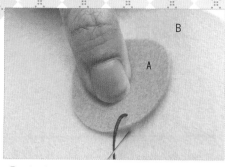

2 由B布入針。

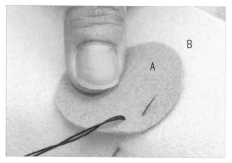

3 A布表面出針。

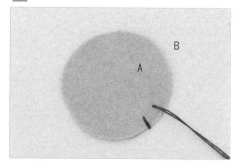

4 抽線。

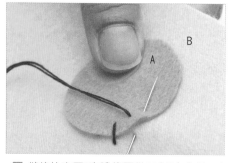

5 縫線拉直至A布邊緣再從下方B布入針，A布表面出針。

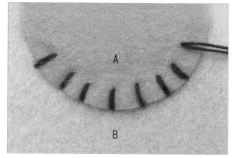

6 重複步驟5，將A布縫固定至B布上。縫的時候，注意針距相等，線與線的間隔平均，縫起來會比較好看。

（娃娃側身手部特寫）

我的鼻子就是這樣做的喔！

Tip 捲針與貼布縫的縫法很相似。如娃娃的手以捲針縫至身體上時，可參考貼布縫的示範，因為塞入棉花的手有厚度，在縫的時候不如貼布縫輕鬆，使用針線要更加小心。

塞棉花技法1

示 範

揉一小球橢圓型棉花

適 用

手、腳製作。

1 取適量棉花。

2 將鬆散的棉花在手掌中揉成一小團。

3 棉花呈小球狀。

4 捏塑成橢圓型。

5 將襪子欲塞棉花的部份翻出來。

6 把剛才揉成的橢圓型棉花放入。

7 棉花推到正確位置。

8 以雙手輕輕搓揉，使棉花在襪裡均勻成形。

示 範
揉一球棉花。

適 用
頭部、臉部製作。

1 將棉花鋪成一片。

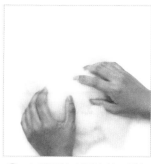

2 中間可放小團棉花,增加份量。

3 像包飯糰一樣,將棉花往中間集中。

4 揉成一球棉花。

5 將棉花平滑面朝下,鋪在底下。

6 塞入襪子時,較平滑那面朝正面臉部。

7 棉花放入後,稍微整型一下。

8 如果頭或臉部不夠大,可將襪子裡棉花中間撥開,塞入一小球棉花。棉花球從中間加量膨脹,可以保持外層完整不變型。

塞棉花技法3

基本縫製法

0
3
1

示 範

揉一團橢圓、長筒狀的棉花。

適 用

身體製作。

1 取適量棉花，平鋪成一長方型。

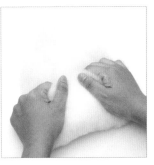

2 像捲春捲一樣，把棉花捲起來。

3 棉花呈長筒狀。

4 塞入襪裡製作身體。

5 襪材形狀也變成長筒狀。

6 襪材腳跟部份是趴趴兔的翹屁股。

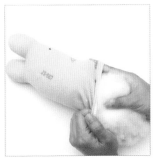

7 揉一球棉花，塞入襪裡腳跟處填滿。

8 將棉花推到適當位置，塑型一下。

PART 2
寵物篇

★ 小老鼠

偷吃的下場

小老鼠上高台，偷吃零食下不來。

白文鳥

鳥語花香

我現在這個樣子猜一句成語？
答對了！就是鳥語花香。

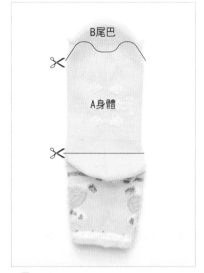

1 襪子原型
側面攤平

粉黃短襪一隻。

2 翻面
腳跟朝外面

將襪子翻至反面，根據設計標示裁剪
線。

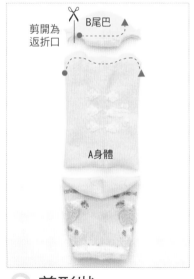

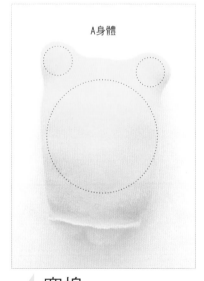

3 剪形狀
標示各部位

依圖示剪裁形狀。

A：留約0.5～0.8公分的縫份，將上端
以回針縫合。

B：以回針縫合，留返折口以翻面。

4 塞棉
先塞耳朵

將A襪子翻至正面，捏兩小球棉花塞
進襪子裡彎彎突出的部份，作為小老
鼠的耳朵。再揉一球圓型棉花塞入襪
子，做為小老鼠的身體。

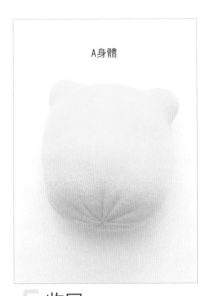

A身體

B尾巴

5 收口
縮好再塑型一下

塞完棉花後，將底下開口以縮口縫縫合，最後以雙手搓揉塑型。

6 做尾巴
塞入棉花

將B尾巴部份，由返折口翻至正面，塞入棉花。

完成

7 組合
用藏針縫

尾巴縫製在身體背面，任何位置皆可，只要覺得好看就行。

8 做五官
喬好再固定

可以選用不織布或鈕釦，縫上小老鼠的表情，多試試不同間距擺法，調整到喜歡的位置再固定。

1 襪子原型
壓平皺褶

挑選嬰兒白色短襪一隻。

2 塞棉
搓圓再塞

揉一球棉花,用手掌搓揉塑型後,再塞入襪子裡。

3 再塞一球
比之前再大一點

再揉一球稍大的棉花塞入,作為小鳥的屁股

4 縫合
留一截當尾巴

將開口用手抓一小截,再以縮縫縫合。

5 剪形狀
利用不織布
在不織布上畫出眼睛、鳥喙和翅膀各二個，然後用剪刀剪下。

6 裝翅膀
側面中間下方位置
翅膀以平針縫縫在身體兩側。

完成

7 組合
使用保麗龍膠
將鳥喙與眼睛用保麗龍膠黏貼於小鳥頭部的適宜處。

貓小P的話
白文鳥小小的，特別找嬰孩的小襪子來製作，有趣的是，小襪子在塞入了兩球棉花之後，形狀變得與真實的小鳥兒很接近，雖稍胖了一點，也是很可愛呀！

white

白文鳥

039

★趴趴兔

散步時光

躺在草地上晒太陽，
真是幸福。

1 襪子原型
圖案當作斑點
米褐色船型襪一雙，左為側面，右為背面。

2 攤平
腳跟朝外
二隻襪子都翻至反面，開口朝下，腳跟對正整平，用消失筆標示裁剪線。

C尾巴

B頭　　　A身體

3 剪下
標示各部位
依圖示位置剪裁襪子。

B頭　　　A身體

4 縫線
閉合用回針縫
依圖標線位置，以回針縫縫合。

A身體

5 翻正面
翻好後塞棉
將身體翻至正面，前腳部份塞入兩球棉花。

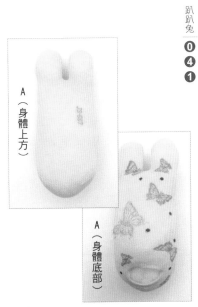

A（身體上方）

A（身體底部）

6 身體塞棉
棉花呈長橢圓狀
揉一團長橢圓形狀的棉花，塞入身體。

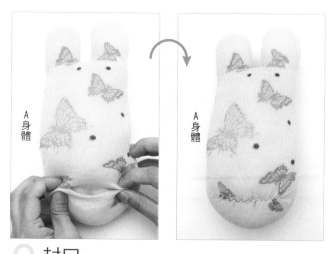

7 畫線
標示縫合位置
沿著襪口鬆緊帶之外,上下各畫出一條線,再標上對位點,以便縫合時上下對位。

8 封口
對摺再縫
襪口上下往內摺入,開口以藏針縫縫合。

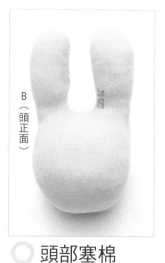

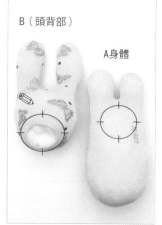

9 頭部塞棉
棉花呈圓形
頭部翻至正面,揉長圓型棉花分別塞入耳朵,再揉一球圓形棉花塞入腳跟處做為臉部。

10 對位
標示出相對位置
在頭部與身體接合處,以消失筆畫出兩個相等大小的圈,並在圈上標出上下左右四個對位點。

11 縫合
從對位點起針
瞄準對位點,將頭與身體以藏針縫縫合。

C尾巴

12 做尾巴
縫完要收緊

襪材C以平針縫周圍一圈，拉線後成一小袋狀，塞入適量棉花後，再拉緊縫線做縮口，打結固定。

13 裝上尾巴
置於身體後上方

尾巴以藏針縫至身體後端適宜處。

14 表情
先縫表情再貼眼

剪下黑色不織布當作眼睛，以繡線縫出腮紅、鼻子，再黏貼眼睛，在脖子上繫上蝴蝶結，完成。

趴趴兔

0
4
3

貓小P的話

利用船型襪本身特點，可以做出兔子頭的形狀，還有身體窩著的感覺，翹高的臀部加上球尾巴，十分傳神可愛。

★灰胖貓

再來一尾小魚乾

我才不胖，只是肚子大了點，
可愛的主人，可以再給我一尾小魚乾嗎？

A身體

1 襪子原型
灰色船型襪

左為側面，右為背面，依圖示裁剪形狀。

2 剪裁
剪下腳尖部份

剪下襪子腳尖，做為塞入棉花開口，上方襪口處以藏針縫縫合。

A身體

A身體

3 身體塞棉
使用二球塞法

揉一球棉花塞入至腳跟處，作為貓咪臉部；揉一球更大的棉花塞入作為肥肥的肚子。

4 封口
縫合線要拉緊

底部開口以縮口縫縫合。

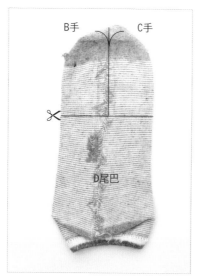

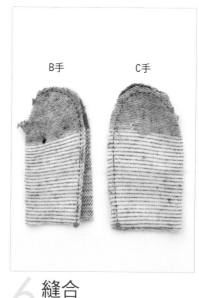

5 畫線
製作雙手

另一隻襪子翻至反面,腳跟對正整平,依圖示剪裁襪子。

6 縫合
回針注意縫份

依圖標線以回針縫合,手的寬度、長度,依娃娃身型大小自行調整。

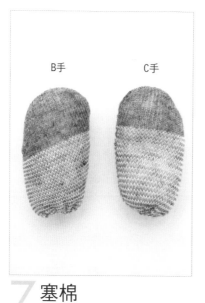

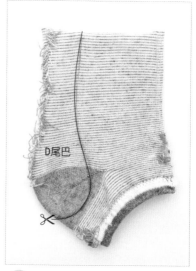

7 塞棉
翻正後再塞

B、C翻至正面塞入棉花,開口以縮口縫縫合。

8 做尾巴
用消失筆標示

將襪材D摺成側面,依圖示剪裁襪子。

D尾巴

D尾巴

9 縫線
尾巴長短可調整

依圖標線以回針縫縫線。

10 塞棉
翻正後再塞

翻至正面，塞入棉花。

完成

11 縫上手
不同角度較生動

將左右手各縫在身體兩側適宜處。招手以藏針縫合。抱肚子的手以捲針縫合，並在手掌與身體縫單點固定。

12 縫尾巴
尾巴幫助站立

尾巴縫製在身體背面適宜處，縫在正後方可以支撐玩偶站立。

13 裝飾表品
雙層眼睛更靈活

剪下二個稍大一點的圓形藍不織布，再剪二個稍小一點的黑色不織布，取一藍一黑重疊當作眼睛，再剪下紅色不織布作為鼻子，最後縫上貓咪的微笑，戴上鬆緊帶鈴鐺。

★大頭狗

我想出去玩

汪！汪！我想出去玩，
誰來幫我開個門，汪！

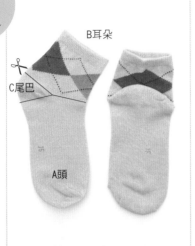

B耳朵

C尾巴

A頭

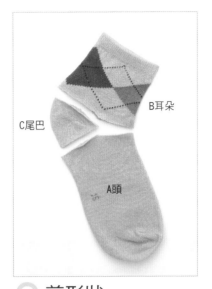

B耳朵

C尾巴

A頭

1 襪子原型
咖啡素色短襪一雙

左為側面，右為背面。

2 剪形狀
標示各部位

以消失筆在左襪子上標示裁剪線，用
剪刀裁剪襪子。

A頭

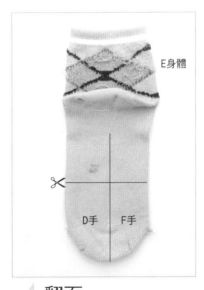

E身體

D手　F手

3 做頭部
用二球塞法

取兩球棉花塞入頭部，開口以縮口縫
縫合。

4 翻面
畫線標示

將右襪子翻至反面，依圖標示剪裁
線，裁剪襪子形狀。

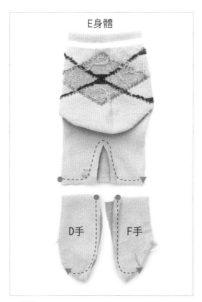

E身體

D手   F手

5 縫邊
使用回針縫

依圖標線位置，縫上回針縫。

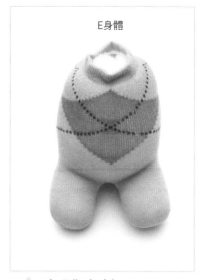

E身體

6 身體塞棉
翻正再塞

將身體翻至正面，塞入適量棉花。

B耳朵

7 翻面剪
對準花紋位置

將襪材B翻至反面，對準中間交叉格線
中間點剪裁，花紋才會漂亮。

B耳朵

8 縫合
留邊要一致

依圖標線位置以回針縫合，注意縫合
時留縫份大小要一致，會做出左右大
小不同的耳朵。

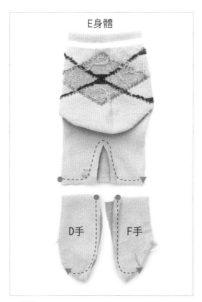

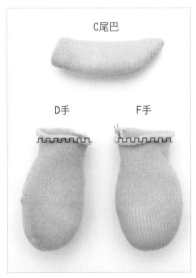

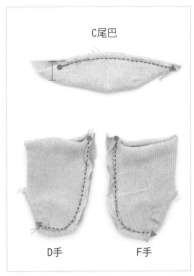

9 耳朵塞棉
只塞到底部

步驟8縫合後翻至正面，就是狗狗的耳朵，接著塞入少許棉花到底部，這樣會呈現垂墜感。

10 縫線
留洞塞棉

手與尾巴依圖標線縫上回針縫，尾巴記得不要閉合，要留下小洞以翻面與塞棉。

11 塞棉
開口藏針縫合

將步驟10完成的部份翻至正面，塞入適量棉花，開口以藏針縫合。

12 頭接身體
可調整對合角度

對準頭和身體接合的方向角度，然後以藏針縫合。

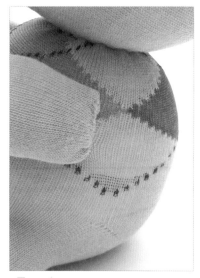

13 縫耳朵
左右對稱

耳朵以捲針縫至頭部適宜處,接近後邊上方,注意對稱。

14 縫手
二手互碰量距離

將二手以可以互碰的距離,量好位置以捲針縫至身體上。

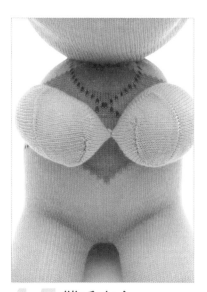

15 雙手交合
縫合連接點

將狗狗的手掌處單點縫合,讓手呈現抱東西的樣子。

16 縫尾巴
弧度面朝下

尾巴一側呈直線,一側有弧度,有弧度的那側朝下,以藏針縫在身體背面適宜處,這樣縫好的尾巴會微微上翹。

17 縫表情
可愛是重點

用線在耳朵前方縫上短眉毛，在眉毛前方黏上黑色圓型不織布，在眼睛下方用紅線縫上小點當腮紅，最後以貼布縫上咖啡色的不織布當狗鼻子。

18 完成

完成

咖啡大頭狗

0
5
3

你的長相
跟我不一樣耶！

Fairy Tales Fairy

PART 3

童話篇

Tales

★青蛙王子

王子的獨白

其實一個人的日子也不錯，
坐著、躺著，都可以很自在。
養足精神，再出發尋找公主吧！

1 襪子原型
綠色短襪一雙
詳細花紋對照，圖案可依各人喜好選擇。

2 畫線
翻背面攤平
二隻襪子皆翻至反面，在桌上攤平後，依圖示畫上裁剪線。

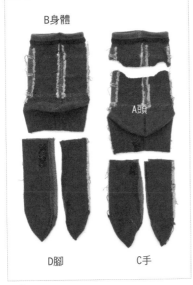

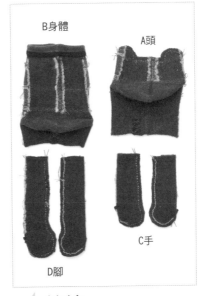

3 剪形狀
標示各部位
依上個步驟畫好的標示線剪裁襪子。

4 縫線
使用回針縫
依圖標線的位置，以回針縫縫合。

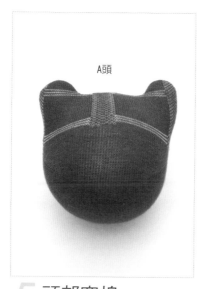

A頭

5 頭部塞棉
適用硬棉花

頭部翻至正面，塞入一球適量棉花，
開口以縮縫縫合。

D腳

6 腳部塞棉
可用軟棉花

腳部翻至正面，塞入適量棉花。

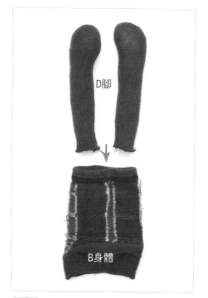

D腳

B身體

7 套入
雙腳套到反面的身體裡

身體部份的襪材翻到背面，將雙腳置
入身體襪材中，腳底線稍稍突出身體
底線一些。

B身體
＋
D腳

8 接合
直線縫合

身體與雙腳以回針縫合，因為襪子圖
案有線條，所以縫合時要注意縫線不
要歪斜。

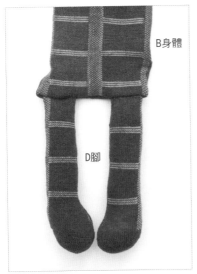

B身體

D腳

A頭

B身體

9 翻面
檢查是否縫正
翻至正面，看看圖案線條是否有對正。

10 塞棉
縮縫開口
頭與身體塞入適量棉花，以縮口縫縫合。

頭部縮口

A頭

A頭

縮縫（縮口縫）
以順時鐘方向，以平針縫沿開口邊緣縫一圈，針距約1.5～2公分，拉線做縮口，一邊拉線，一邊將襪緣往口內塞入，縮口拉緊後即可打結固定。

11 組合
使用藏針縫
將頭與身體以藏針縫合。

12 縫手
棉花壓緊實
將兩隻手的襪材翻至正面,塞入適量棉花,開口以藏針縫合,再以捲針縫至身體上。

披風製作

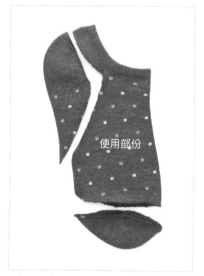

使用部份

13 畫線
紅色船型襪
側面攤平在桌上,用消失筆標示裁剪線。

14 剪形狀
保留鬆緊帶
依圖示剪裁襪子,多餘的部份可以保留,用來做其他雜貨材料。

15 攤平
折線可燙平

披風攤開後的樣子，鬆緊帶部份剛好用來套在娃娃身上。

16 套住
長度可修整

將披風套在青蛙脖子上，如果覺得長度太長，可以修短。

完成

17 縫表情
大嘴比較逗趣

將鈕扣縫在頭上突起的點，用紅線縫出大大的微笑，再剪二個紅色圓形不織布，貼在二頰。

貓小P的話

青蛙王子設計之初，是想讓青蛙的手腳呈現瘦瘦細細，並且可以甩動。於是想出了先將雙腳做好，置入身體裡縫合，再翻回正面這種製作方式。青蛙的長腿可以甩動，還有臉上大大的微笑，真是可愛極了。

★綠野仙蹤

閃亮的日子

多年之後，大家再度重逢，外表改變差很多。
有歷經風霜，有磨鍊成鋼，
有的豪邁不羈，有的依舊青春美麗。

1 畫線
黃色短襪一雙
左為側面攤平後的花樣，右為背面。

2 塞棉
二球塞法
在襪子塞入兩球棉花。

3 剪腳尖
預留備用
將襪子的腳尖處剪下，預留為B耳。

A身體

B耳

4 縫合
使用縮口縫
上下兩個開口都以縮口縫縫合。

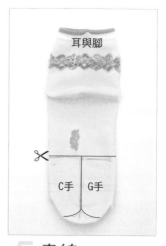

耳與腳

C手　G手

5 畫線
翻反面再畫
將另一隻襪子翻至反面，腳跟對正整平，依圖示畫線再裁剪。

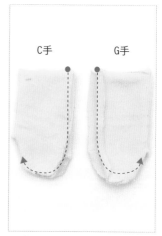

C手　　G手

6 手部縫線
左右留邊一致
依圖標線縫上回針縫，邊緣縫份要一致，才不會大小不一。

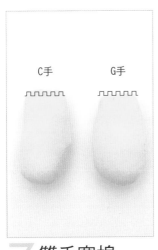

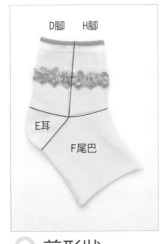

7 雙手塞棉
使用軟棉花

翻至正面，塞入適量棉花，開口以藏針縫合。

8 剪形狀
先畫線再裁剪

剩餘襪材依圖標示剪裁。

9 腳部縫線
左右留邊一致

依圖標線縫上回針縫。

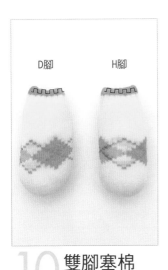

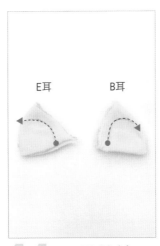

10 雙腳塞棉
塞完縫開口

完成上個步驟後翻至正面，塞入適量棉花，開口以藏針縫合。

11 耳朵縫線
縫上回針縫

依圖標線以回針縫縫合。

12 耳朵塞棉
棉花不用太多

完成上個步驟後翻至正面，塞入少許棉花，開口以藏針縫合。

13 縫上耳朵
左右對齊

耳朵以藏針縫製頭部適宜處。

14 組合雙腳
約呈45度

雙腳打開約呈45度角,縫於身體兩側下方,方便娃娃坐立。

15 縫上手
位於腳上方

雙手以捲針分別縫製身體兩側,縫製點位置約在雙腳上方3公分處。

尾巴製作

F尾巴

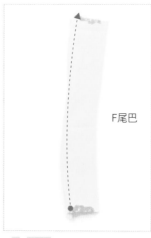

F尾巴

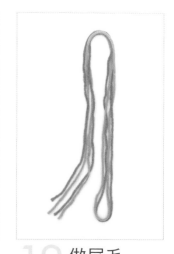

16 做尾巴
剪開攤平

襪材側邊剪開後,打開成為長方形。

17 摺長條
打開對摺

上個步驟打開後,從不同方向對摺成為長條形,依圖標線縫上回針縫後翻正,放置一旁備用。

18 做尾毛
剪毛線

取兩條不同顏色,各約100公分的毛線。

19 繞圈
以手指輔助

將二條毛線繞在手指上數圈。

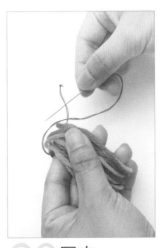

20 固定
穿線繞過

用一條針線穿過毛線圈，針頭穿過線尾圈圈。

21 收線
穿過再拉緊

延續上個步驟，穿過線圈後用力拉緊。

22 紮束
束成毛球

拉緊之後再以線繞毛線下端，拉緊線後使之成一束。

23 打結
來回穿線

以針線穿越毛線中間來回兩三次，越縫毛線束頭越緊，最後打結固定。

24 尾毛完成
與尾巴組合

打結之後，較短的一端要縫到尾巴裡。

25 組合
短端置入尾巴

將步驟17完成的尾巴一端以平針做縮口縫,同時將尾毛置入縮口處,拉緊之後,以針線來回穿梭毛線中心三次,增加牢固,再打結。

26 縫鬃毛
二毛線穿過針

縫製鬃毛時使用兩條毛線,以回針縫至頭部,繞臉部縫一圈。

27 裝上尾巴
屁股上約1.5公分

尾巴縫至身體背面適宜處,約離地1.5公分,不要太貼地。

完成

28 縫表情
勾狀嘴是重點

於鼻子處入針,縫眉毛,回到鼻子出針打結,依此類推,縫上眼珠、嘴巴與鬍子,最後剪一個大一點的棕色橢圓不織布當鼻子,以貼布縫固定,完成。

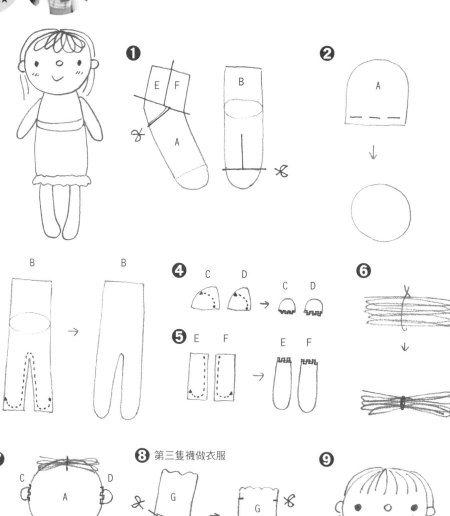

❶

E F

A

B

❷

A

❸

B   B

❹

C   D   C   D

❺

E   F   E   F

❻

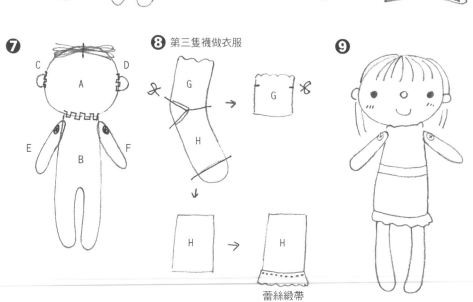

❼

C   D

A

E   F

B

❽ 第三隻襪做衣服

G

H

G

H   H

蕾絲緞帶

❾

材料：白色短襪一雙．藍色短襪一隻。
部位：A頭部．B身體與腳．C.D耳朵．E.F手．G衣服．H裙子

❶剪裁

依圖示剪裁。

❷製作頭部

A頭部塞入一球棉花，底部做縮口縫。

❸製作身體

B身體依圖標線以回針縫合，翻至正面，塞入棉花。

❹製作耳朵

C、D耳朵依圖標線以回針縫合，留返折口，翻至正面，可塞入些許棉花，
再以針縫合。

❺製作雙手

F、F手依圖標線以回針縫合，翻至正面，塞入適量棉花，以藏針縫合。

❻製作頭髮

毛線來回摺疊6～10次，中間綁緊並縫緊。製作長10公分的2組，16公分的4
組。

❼組合

A頭與B身體以藏針縫合；C、D耳朵以
藏針縫至頭部適宜處；雙手使用釦子
縫製身體上；頭髮以回針縫至頭部。

❽製作衣服

一隻襪子依圖示剪裁。G衣服在左
右兩端各剪一刀，約1公分開口。H
裙子在底部以回針縫上緞帶一圈。

❾表情

縫製娃娃的表情，修剪頭髮，並穿
上衣服、裙子，完成。

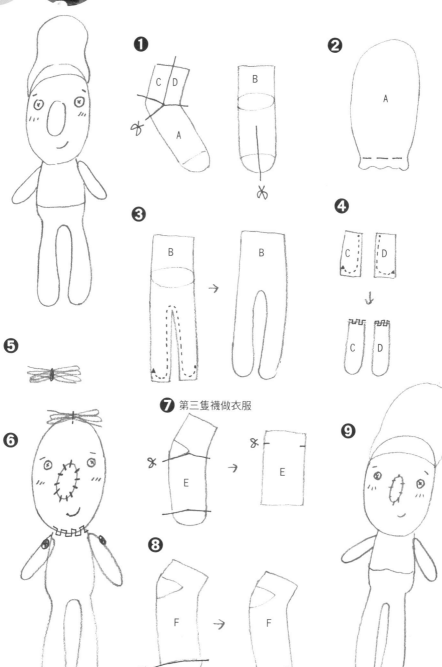

❶ C D A B

❷ A

❸ B → B

❹ C D → C D

❺

❻

❼ 第三隻襪做衣服 E → E

❽ F → F

❾

第四隻襪做帽子

材料：米色短襪一雙‧藍色短襪一隻‧灰色短襪一隻
部位：A頭‧B身體‧C、D手‧E衣服‧F帽子

---

❶剪裁
依圖示剪裁。

❷製作頭部
A頭部做一橢圓型棉花塞入，底下開口以縮口縫合。

❸製作身體
B身體依圖標線以回針縫紉，翻至正面，塞入適量棉花。

❹製作雙手
C、D雙手依圖標線以回針縫合，翻製正面，塞入適量棉花，以藏針縫合。

❺製作頭髮
毛線來回摺疊5次，中間綁緊，製做一組即可。

❻組合
頭與身體以藏針縫合；雙手以釦子縫至身體上；頭頂以回針縫上頭髮；縫上稻草人娃娃的表情。

❼製作衣服
E衣服依圖示剪裁，在左右兩端各剪一刀，約1公分開口。

❽製作帽子
F帽子依圖示剪裁，在剪開的開口處以縮口縫合。

❾穿戴
將E衣服、F帽子穿戴在稻草人身上，完成。

Tips：用穿過的舊襪子來製作稻草人的衣物，質感較佳。

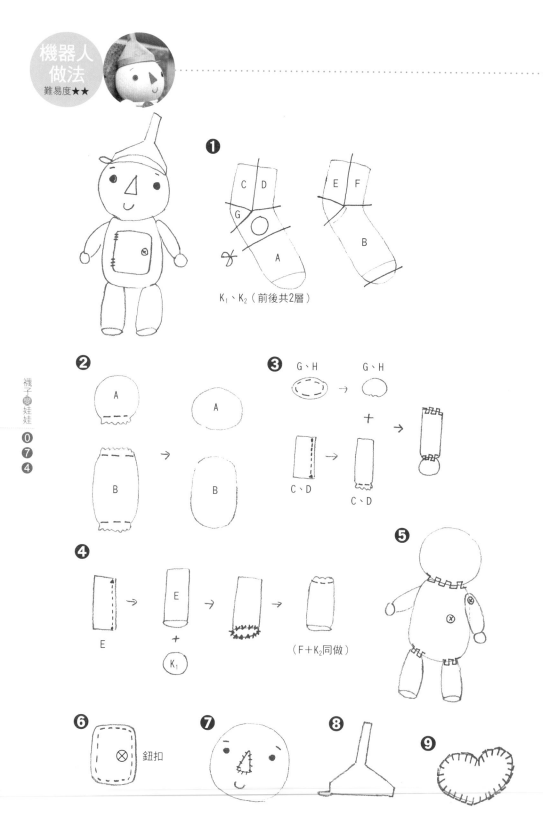

❶

C D
G
A

E F
B

K₁、K₂（前後共2層）

❷

A

A

B → B

❸

G、H → G、H

+ →

C、D → C、D

❹

E → E + K₁ → →

（F＋K₂同做）

❺

❻

⊗ 鈕扣

❼

❽

❾

材料：灰色襪子一雙‧漏斗‧不織布‧鈕扣
部位：A頭‧B身體‧C、D手‧E、F腳‧G、H手掌

··

❶剪裁
襪子依圖示剪裁。

❷製作頭部與身體
A頭部與身體各塞入一球適量棉花後，開口處以縮口縫合。

❸製作雙手
Ⅰ：製作手掌：G、H以平針縫一圈後，在中間填入適量棉花，做縮口縫，
　　成為一小球。
Ⅱ：製作手臂：C、D以回針縫合，翻至正面，塞入適量棉花，一端開口做
　　縮口縫，一端藏針縫。
Ⅲ：將手掌與手臂（縮口端）以藏針縫合。

❹製作雙腳
Ⅰ：E、F依圖標線以回針縫合，翻至正面。
Ⅱ、Ⅲ：E、F一端開口與一圓形以捲針縫
　　合。
Ⅳ：E、F塞入適量棉花，開口以縮口縫
　　合。

❺組合
A頭與身體以藏針縫合；E、F雙腳以藏針
縫至身體下方；C、D雙手外側加上鈕扣，
以捲針縫製身體兩側適宜處。

❻製作門
剪一塊不織布，縫一周平針裝飾線。再將
門以捲針縫製身體上。

❼表情
縫機器人表情。

❽塗色
漏斗塗灰色，當做機器人帽子。

❾愛心
用不織布剪一顆愛心 可放入機器人身體上的門裡。

★小紅帽與大野狼

我們是好姊妹

大野狼，我送妳的衣服和帽子還喜歡嗎？
是今年最流行的春花款。
我也有一套星點款，質料不錯吧！
下次有空再去找妳玩。

PS. 小紅帽和大野狼是好姊妹喔～

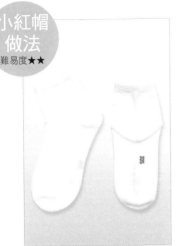

1 襪子原型
白色短襪一雙
左為側面，右為背面。

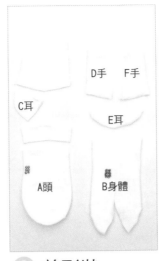

2 剪形狀
依圖示剪裁
將左襪攤平，右襪翻至反面，
依圖示標線剪裁襪子。

3 頭部塞棉
用一球塞法
揉一球棉花塞入頭部。

4 縫合
縮口要拉緊
上一步驟完成後，開口以縮口
縫合。

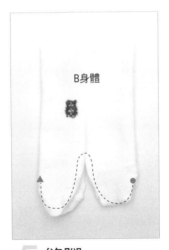

5 縫腳
使用回針縫
連接身體部分的二腳，依圖標
線以回針縫合。

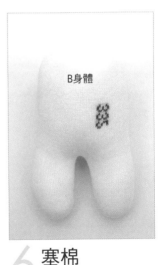

6 塞棉
塞完腳再換身體
將步驟5襪材翻至正面，先塞
入適量棉花於二腳，再揉一橢
圓型棉花塞入身體，開口以縮
口縫合。

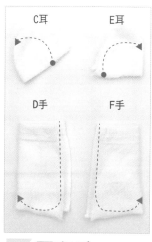

7 耳和手
翻反面縫

襪材翻至反面,依圖標線縫上
回針縫,不能全閉合,要留洞
翻面。

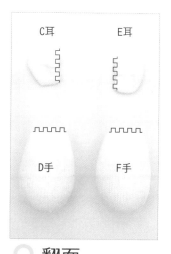

8 翻面
再棉軟棉

將縫好的耳朵和雙手翻至正
面,開口以藏針縫合。

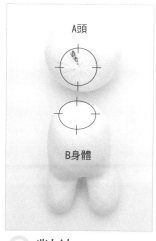

9 對位
標示定位點

頭與身體對好位置後,在接口
位置,各畫一個對應的圓圈,
並標出上下左右四點。

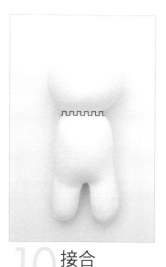

10 接合
點對點縫好

將頭與身體的對應點對準後,
以藏針縫合。

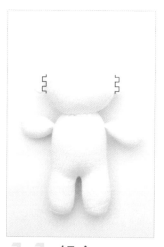

11 組合
上下左右對襯

耳朵以藏針縫至頭部適宜處。
雙手以捲針縫至身體。

步驟複雜,
要有耐心喔!

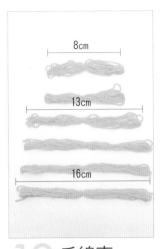

12 毛線束
長度不同才生動
將毛線繞在手上約5～6圈,中間綁緊。毛線長度約8、13、16公分共6組。

13 植髮
由短至長
頭頂到頭後方一直線,將毛線依短至長以回針縫至頭上。

14 定位
用珠針固定
用不織布剪好眼睛、鼻子,在臉上移動定出位置,可用珠針固定,看看合不合適。

15 縫表情
眼鼻呈直線
確定好位置後,縫上嘴巴、睫毛、眼睛與鼻子,眼鼻若呈一直線會比較俏皮。

16 微調
剪瀏海和髮長
等到表情都縫好之後,可以稍微修剪頭髮長度。

還沒穿衣服,好害羞喔!

17 畫線
側面攤平

紅色船型襪一雙，依圖示畫上裁剪線。

18 剪形狀
取最中間段

依圖示剪裁襪子，取襪中間部份使用。

19 縫花邊
縫上緞帶

襪材正面朝外，在襪口一端沿邊緣以回針縫上緞帶。

20 調整
邊縫邊調整

縫緞帶時，因為具有彈性，所以一邊縫一邊將襪子拉開，調整形狀。

21 帽裙同做
有花朵的形狀

帽子和裙一樣，都在一端縫好花邊之後，襪緣會呈現花邊狀。

22 剪開口
衣裙上剪二開口

依圖示在兩邊各剪一個0.5公分開口。

A帽子反面

A帽子正面

完成

23 帽頂縮口
翻面再縫

帽子襪材翻至反面,開口以縮口縫縫合。

24 翻正
完成可愛花帽

翻至正面,完成一頂紅色花邊帽。

25 組合
雙手穿過洞

為小紅帽穿上紅衣裙,戴上紅帽子,完成。

貓小P的話

我設計的小紅帽是個大頭小身體、有一雙大眼睛與可愛笑容的小女孩,所以希望小紅帽的衣服不要太複雜,用一雙襪子即可做出衣裙、帽子,簡單又可愛。

❶

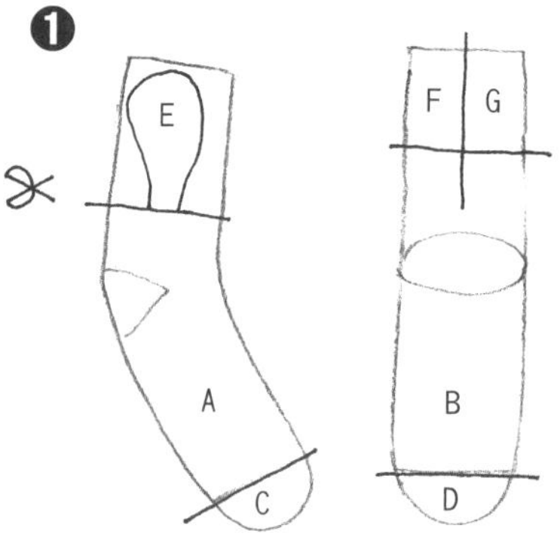

E

F G

A

C

B

D

❷

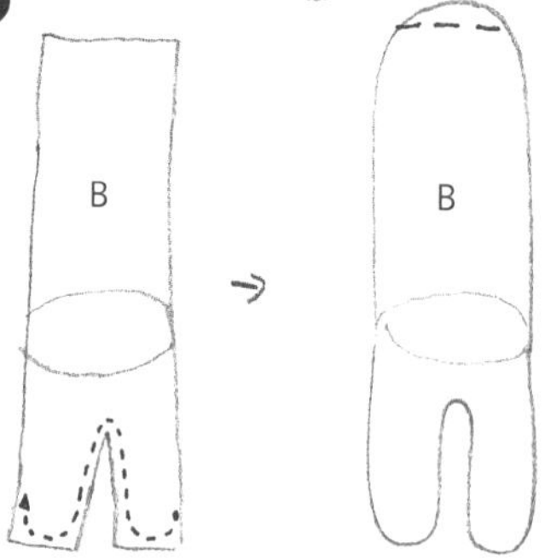

B

→

B

❸

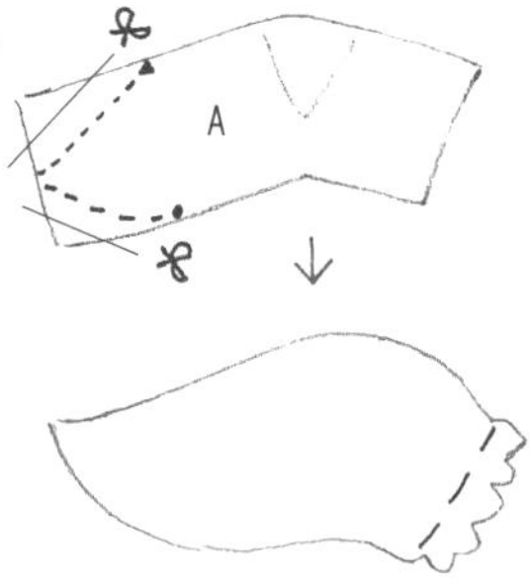

A

❹ C、D

返折口

→

❺

→

其他多餘襪材

❻

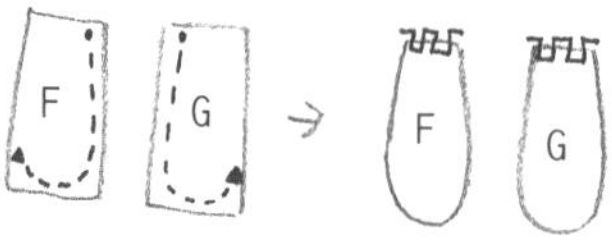

F G

→

F G

❼

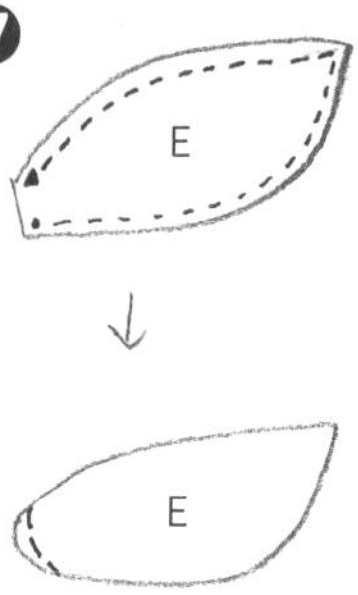

E

↓

E

❽

材料：灰色中統襪一雙・紅色船型襪一雙（衣服、帽子）
部位：A頭・B身體・C、D耳朵・E尾巴・F、G手

❶剪裁

襪子翻反面依圖示剪裁。

❷製作身體

B身體依圖標線以回針縫合，翻至正面，塞入適量棉
花，開口做縮口縫合。

❸製作頭部

A頭部依圖標線以回針縫合，翻至正面，塞
入適量棉花，開口做縮口縫合。

❹製作耳朵2個

依圖標線以回針縫合，剪開一端，做為返折口。翻至
正面，塞入少許棉花，以藏針縫合。

❺製作鼻子

取一塊其他剩下的襪材，縫一個球型，做鼻子。

❻製作雙手

F、G手依圖標線以回針縫合，翻至正面，塞入適量棉花，以藏針縫合。

❼製作尾巴

E尾巴依圖標線以回針縫合，翻至正面，塞入適量棉花，縮口縫合。

❽組合

頭與身體藏針縫合；耳朵以藏針縫至頭上；手以捲針縫至身體；尾巴以藏
針縫至身體。縫鼻子，縫表情。

衣服的製作方法請參考P.80～81。

小紅帽與大野狼

❶
❽
❸

★三隻小豬

來我家玩！

玩什麼？躲貓貓？
還是，玩123木頭人？

1 襪子原型
粉紅菱紋短襪
腳踝部份的襪子正好是小豬身體上半部，選擇可愛的花樣就可以做出有特色的小豬。

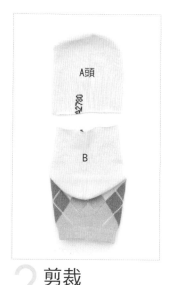

2 剪裁
約6公分
先將一隻短襪依圖示剪裁。

3 頭部塞棉
縮縫封口
揉一球棉花塞入，將開口以縮口縫縫合。

4 翻面剪
用消失筆標示
襪材B翻至側邊反面，依圖示畫線再剪裁，為C耳與D尾巴部份。

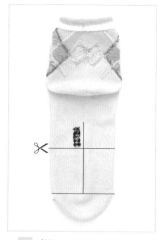

5 攤平
翻面腳跟朝外
將另一隻襪子翻至反面，腳跟對正整平。

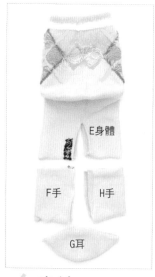

6 畫線
標示再裁剪
依圖示畫好線後剪裁襪子。

E身體

C耳　　　　G耳

沒縫邊

返折口

沒縫邊

F手　　H手

D尾巴

7 縫線
預留洞口

將襪子剪裁後的形狀依圖示，以回針縫合，C、G耳朵預留1.5cm返折口，尾巴剪開一端做返折口。

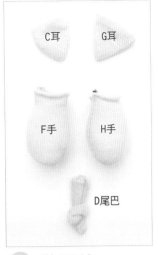

8 身體塞棉
先塞完二隻腳

揉二團棉花分別塞入腳的部份，然後再取一大球塞滿身體

C耳　　　　G耳

F手　　　H手

D尾巴

9 做零件
組裝各部位

耳與耳翻正面後，折口處以藏針縫合。手翻面後，揉一團小長橢圓型棉花塞入，開口處以藏針縫合。尾巴翻正面後打一個結。

G耳
做法

1 剪下襪子腳尖處。

2 翻開後往另一面對摺，呈現接近一個三角形。

返折口

3 將兩邊以回針縫合，留一返折口。

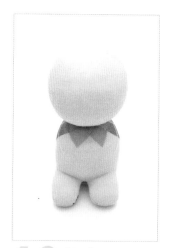

10 組合
封口對封口

頭與身體以藏針縫合。

11 縫上耳朵
角度對好

耳朵以藏針縫至頭上適宜處，
注意沒縫邊的那一側要一致朝
向內或向外。

12 縫手
用珠針調位置

調整雙手位置時，可先用珠針
固定，看看合不合適，確定後
以捲針縫到身體二側。

13 縫尾巴
打結處靠外側

尾巴有打結的地方朝外，另一
端以藏針縫至身體背面適宜
處。

完成

14 做表情
鈕釦當豬鼻子

找一個類似襪子顏色的釦子，
縫上不同顏色的線，作為鼻
孔，再利用繡線縫上腮紅及嘴
巴，縫上黑珠眼睛，完成。

貓小P的話

挑選襪子時，可以考
慮襪子的圖案或顏
色，有時候會有意想
不到的效果。這雙粉
紅短襪的圖案，剛好
成為粉紅小豬的領
子，很特別吧！

Note
小筆記

★穿長靴的貓

貓式輕功

輕功有三
一是身段柔軟
二是嗅覺敏銳
三是無事一身輕

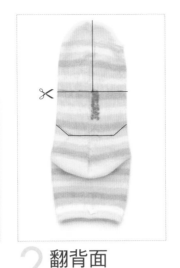

1 襪子原型
黃色條紋短襪

左為側面，右為背面。

2 翻背面
整理攤平

將一隻襪子翻至反面，腳跟對
正整平。

3 剪形狀
標好各部位

依圖示剪裁襪子。

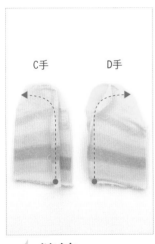

4 縫線
邊距要相同

依圖標線以回針縫合。

5 塞棉
使用軟棉

步驟4完成後翻至正面，塞入
適量棉花，開口以藏針縫合。

6 做尾巴
實線處剪開為返折口

襪材部位有條碼且成圈，因此
剪開並展開變成長條狀，然後
對摺，依圖標線以回針縫合。

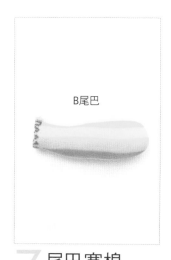

B尾巴

A頭

A頭

7 尾巴塞棉
翻面再塞
步驟6完成後翻至正面,塞入適量棉花。

8 縫合
邊距要一致
頭部襪材依圖標線以回針縫合。

9 塞棉
使用硬棉
步驟8縫好後翻至正面,揉一球棉花塞入,耳朵部份不必塞棉。

A頭

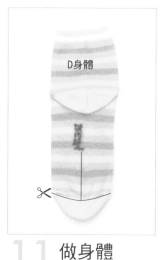

D身體

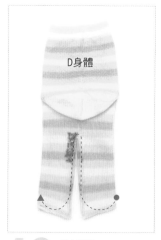

D身體

10 封口
縮口拉緊
塞完棉花後,底下開口以縮縫縫合,縮口要拉緊,否則棉花會跑出來。

11 做身體
剪裁形狀
另一隻襪子翻至背面,腳跟對正整平,依圖示剪裁襪子。

12 做腳
交叉處要縫好
依圖標線以回針縫合,交叉處要縫好,棉花才不會露出來。

13 身體塞棉
用手指輔助

將步驟11完成後翻至正面，二腳塞入適量棉花，可用手指向內推擠，之後取一長橢圓形的棉花塞入身體。

14 身體縮口
先畫圓再縫

襪子有條紋，所以可延著一圈線條縮口，或使用消失筆標示，將開口以縮口縫縫合。

15 組合
條紋要對齊

頭與身體以藏針縫合。

16 縫手
外側加鈕扣

將雙手縫至身體兩側，在手臂外側加上鈕扣，增加活潑性。

17 縫尾巴
用藏針縫

將步驟7完成的尾巴藏針縫至身體背面適宜處。

哇！跟我一樣是條紋貓。

18 襪子原型
黑色短襪一隻
將襪子側面攤開整平。

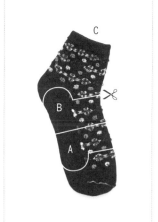

19 剪形狀
翻反面再剪
襪子翻至反面,依圖示剪裁各部位。

20 做靴型
先剪再縫
依圖標線以回針縫合後,於標實線處剪開為返折口。

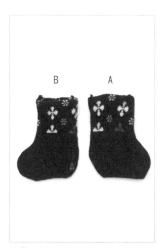

21 翻面
圖案在上方
翻至正面就完成一雙可愛的靴子了。

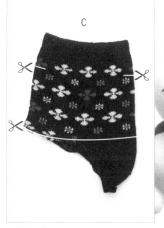
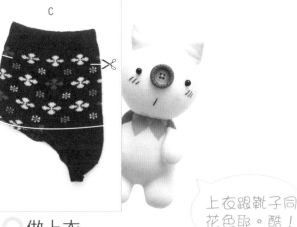

22 做上衣
修剪下擺
將剩餘襪材翻至正面,依標示線處剪裁,修剪下擺長度,並剪出二個0.5~0.8公分的袖洞。

上衣跟靴子同花色耶。酷!

披風製作

23 襪子原型
紅色船型襪

側面攤平在桌面上。

使用部位

24 剪裁
多餘部份可保留

依圖標示剪裁襪子,只使用部份,其餘襪材可留下做其他用途。

25 套披風
鬆緊帶當繫帶

將衣服、靴子與披風穿在貓咪身上。

完成

26 配件
使用不織布

縫上貓咪表情,戴上黑色不織布俠士帽,完成。

貓小P的話

條紋襪很適合製作貓咪。我有隻貓咪小紅豆,是一隻黃色虎斑摺耳貓,一旦好奇心大發,會以後雙腳站立起來,手長腳長的動作很有趣。所以我以小紅豆為模特兒,選用黃色條紋短襪來製作穿長靴的貓的貓咪。

★布萊梅樂團

後台準備中

灰驢：樂團今天有表演。

公雞：那個誰怎麼還沒到？

獵狗：我的「啊嗚嗚」老走音？

貓咪：昨天的鮪魚派真好吃～

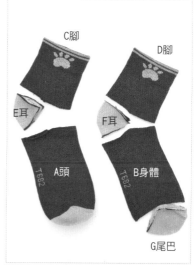

1 襪子原型
側面攤平

巧克力色塊短襪一雙。

2 剪形狀
照色塊剪

依圖示剪裁襪子，標示好各部位。

3 塞棉
頭部用二球棉

揉兩球棉花塞入頭部，揉
一短橢圓球棉花塞入身
體，開口皆以縮口縫縫
合。

注意紅圈的圖案位置

4 翻面
對剪成二等份

剩餘襪材翻至背面，先剪開襪子內部
鬆緊帶的連接處，再依圖標線處剪
開，共變成四等份。

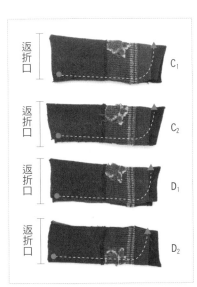

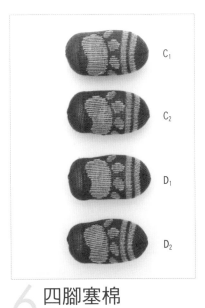

返折口   C₁

返折口   C₂

返折口   D₁

返折口   D₂

C₁

C₂

D₁

D₂

5 縫線
預留翻面洞
依圖標線以回針縫合，留下翻面開。

6 四腳塞棉
圖案朝外
翻至正面，塞入適量棉花，開口以縮口縫合，腳的長度自行調整。

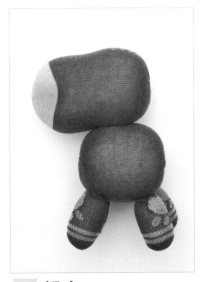

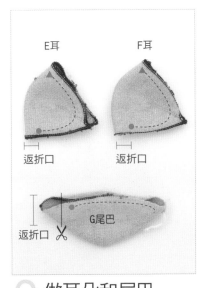

E耳   F耳

返折口   返折口

返折口   G尾巴

7 組合
色塊當嘴巴
頭的部份剛好有個淺色色塊，將這部份朝前當嘴巴，連接身體與4隻腳，對好位置後，以藏針縫合。

8 做耳朵和尾巴
縫邊要等距
襪子翻到背面，依圖標線以回針縫合，尾巴剪開一端做反折口。

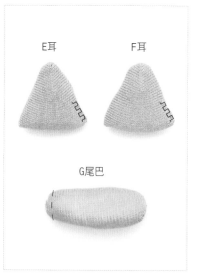

9 塞棉
用軟棉花

翻至正面，塞入少許適量棉花，耳朵
開口以藏針縫合，尾巴以縮口縫縫
合。

10 縫耳朵
做出垂耳

注意示範的點，是將三角形一尖角定
位在頭上，耳朵以捲針縫至適宜處。

11 縫尾巴
位置微微上翹

尾巴縫至身體後端適宜處，可以調整
自己喜歡的位置，讓尾巴有上翹的感
覺，增加可愛度。

12 剪表情
白眼球畫龍點睛

剪不織布做狗的眼睛與鼻子，黑瞳孔
後加一層白色眼球，貼在深咖啡色臉
上眼珠才會明顯。剪一個咖啡色的鼻
子。

13 定位
利用珠針調整

眼睛與鼻子用珠針在狗狗臉上定出位置。

14 固定
鼻子用貼布縫

貼好眼睛，縫上鼻子和嘴巴，完成。

1
0
1

貓小P的話

這款狗狗的造型設計上最有趣地方，就是由不同大小橢圓型組合而成，也充分利用襪子的色塊。提醒大家，製作狗腳的時候，不必剪開鬆緊帶即可製作。但這款襪子的襪口鬆緊帶上有可愛狗腳印圖案，為了保留圖案的完整度，才把鬆緊帶的收邊剪掉，讓腳印變成狗狗腳上的圖案。

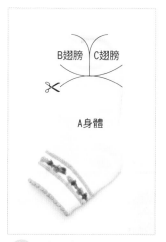

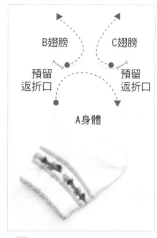

白公雞做法
難易度☆

1 **襪子原型**
白色短襪一隻
鬆緊帶部份恰巧是屁股的位置，可以挑選自己喜歡的圖案。

2 **畫線**
翻面再畫
襪子翻至反面，依圖示畫裁剪線。

3 **縫線**
翅膀預留翻面洞
依圖示剪裁襪子，依圖標線位置縫上回針縫。

4 **翻面**
大約看出身形
身體縫合後翻至正面。

5 **先塞頭**
取一球棉放頂部
先揉一球棉花塞入身體上面，當作頭部。

6 **再塞身體**
比頭部更大
再揉一球大一點的棉花塞入身體裡。

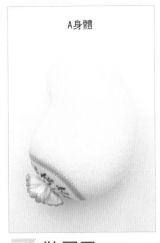

A身體

B翅膀

B翅膀　　　　C翅膀

7 做尾巴
用平針紮束口

開口處以平針縮縫一圈，拉緊打結，襪子花邊剛好成為公雞尾巴。

8 翅膀塞棉
藏針封口

翅膀翻至正面，塞入少許棉花，開口以藏針縫合。

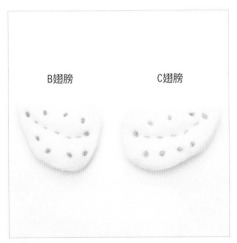

B翅膀　　　　C翅膀

9 裝飾翅膀
不規則更可愛

在翅膀上用繡線縫上一些線條裝飾，線條不必太刻意，有些手工感讓人覺得更可愛。

10 縫上翅膀
置於身體兩側

將翅膀以藏針縫在身體兩側適當的位置。

雞冠製作

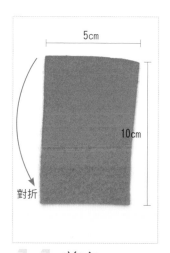

11 **剪布**
紅色不織布一塊

剪一塊長10公分、寬5公分的一塊長方形不織布。

12 **對摺**
以珠針固定

不織布對摺,以珠針固定畫出標線。

13 **縫合**
縫上平針縫

依標示裁剪,虛線處以平針縫合,雞冠完成。

肉髯製作

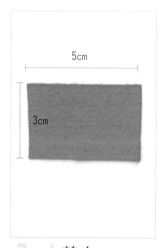

14 **剪布**
紅色不織布一塊

剪一塊長5公分、寬3公分的一塊長方形不織布。

15 **對摺**
以珠針固定

不織布對摺,以珠針固定畫出標線。

16 **縫合**
縫上平針縫

依標示裁剪,虛線處以平針縫合,肉髯完成。

17 剪布
選用黃色
剪下一塊菱形不織布。

18 對摺
對摺處平針縫
對摺後,在摺線處平針縫合,
鳥喙尖端自然打開狀。

19 剪圓
使用黑色不織布
剪出兩個圓形眼睛。

20 組合
用保麗龍膠貼上
將眼睛、雞冠、喙與肉髯分別
黏貼在公雞體適宜處。

完成

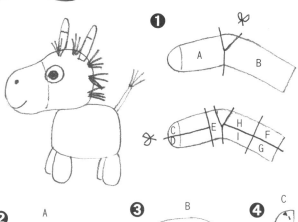

❶

A B

C D E H I F G

❷ A

A

❸ B

B

❹ C D → C D

❺ E E E

❻ F G → F G

H I H I

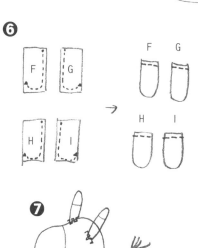

❼

❽

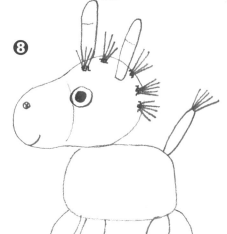

材料：灰色中統襪一雙
部位：A頭‧B身體‧CD耳朵‧E尾巴‧FGHI腳

❶剪裁

襪子依圖示剪裁。

❷製作頭部

A頭塞入兩球適量棉花，以縮口縫合。

❸製作身體

B身體塞入一橢圓型適量棉花，兩端開口以縮口縫合。

❹製作雙耳

C、D耳朵依圖標線以回針縫合，翻至正面，塞入少許棉花，以藏針縫合。

❺製作尾巴

E尾巴依圖標線以回針縫合，翻至正面呈一管狀，另做一毛線球，以縮口縫方式縫在尾巴一端，再塞入少許棉花，以縮口縫合。

❻製作四隻腳

FGHI腳依圖標線以回針縫合，翻至正面，塞入適量棉花，以縮口縫合。

❼組合

頭以藏針縫於身體適宜處；四隻腳以藏針縫在身體下方適宜處；耳朵以藏針縫製頭部；尾巴縫於身體後方。

❽表情

做毛線球6～7個，以回針縫至頭部後方，並縫上眼睛、嘴巴、鼻孔，完成。

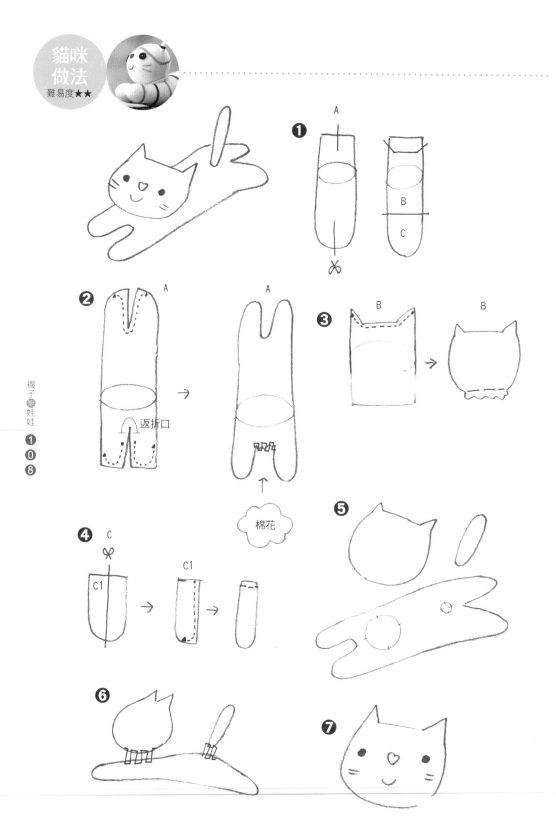

❶ A B C

❷ A A 返折口

❸ B B

❹ C C1 C1

棉花

❺

❻

❼

材料：條紋短襪一雙
部位：A身體‧B頭‧C尾巴

❶剪裁

襪子依圖示剪裁。

❷製作身體

A身體依圖標線以回針縫合，留返折口；翻至正面，塞入適量棉花，開口處以藏針縫合。

❸製作頭部

B頭依圖標線以回針縫合，翻至正面，塞入一球棉花，以縮口縫合。

❹製作尾巴

C尾巴依圖示對半，取其中一半做尾巴即可，剪裁，標線以回針縫合，翻至正面塞入適量棉花，縮口縫合。

❺標出位置

以消失筆在貓咪身上畫出縫頭部與尾巴的位置。

❻組合

頭以藏針縫至身體適宜處，尾巴藏針縫至身體後方。

❼表情

縫上貓咪表情，完成。

★小木偶奇遇記

小木偶情人座

小木偶說：小美，我跟妳說，妳知道我為什麼鼻子長嗎？

小美說：不知道耶，為什麼？

小木偶說：其實，我是一隻大象。

小美說：你騙人！

然後，小木偶的鼻子又長長了一點。

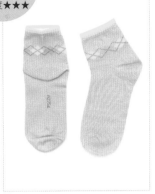

1 襪子原型
咖啡短襪一雙
左為背面，右為側面。

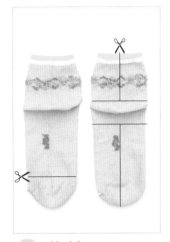

2 裁剪
畫線攤平後裁剪
二隻襪子都翻至反面，依圖示
標線裁剪各部位。

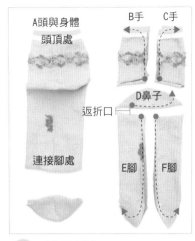

A頭與身體
頭頂處

B手　C手

返折口

D鼻子

連接腳處

E腳　F腳

3 剪形狀
剪好後縫邊
依圖標線縫上回針縫，記得要
預留翻面的小洞。

小木偶奇遇記
❶
❶
❶

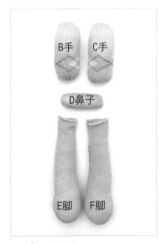

B手　C手

D鼻子

E腳　F腳

4 塞棉
使用軟棉
將步驟3各部位翻至正面，分
別塞入適量棉花，手的開口以
藏針縫合，鼻子開口以縮縫縫
合，腳先不用縫合。

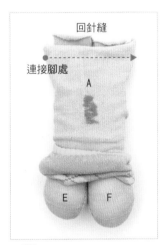

回針縫

連接腳處

A

E　F

5 組合
接合身體與雙腳
身體襪材A是呈反面，之後翻
過來才會是正面。雙腳置於身
體襪材內，腳超出身體開口一
些，依圖標線處以回針縫合。

A

E　F

6 翻面
腳跟部當臉
縫好後翻至正面，腳跟朝上，
待會塞棉後就是小木偶的臉。

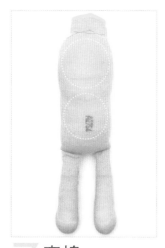

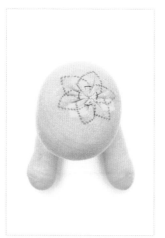

7 塞棉
用二球塞法

取適量棉花塞入身體肚子部份，再揉一球棉花塞入頭部。

8 封口
用縮口縫

頭部開口以縮口縫合。

9 縫手
色塊朝外朝

雙手縫於身體兩側。

頭髮製作

8cm
10cm
12cm
14cm
16cm

10 做髮束
5組不同長度

將毛線繞在手上約5～6圈，中間綁緊、縫緊、打結。毛線長度約8、10、12、14公分共5組。

11 植髮
由短到長縫上

將毛線依短至長以回針縫至小木偶頭上。

12 定位
大約畫出位置

縫製小木偶臉部表情，利用珠針先定出鼻子、眼睛、嘴巴等位置。

13 固定
組合各部位
縫上鼻子、嘴巴、眼睛。

14 微調
修剪瀏海和髮長
依個人喜好修剪頭髮長度。

短褲製作

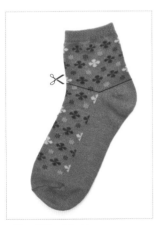

15 剪裁
攤平再剪
紅色短襪一隻,依標示畫線裁剪。

16 剪褲管
大約2公分
取襪子腳踝的部份,襪材翻至反面依圖示剪裁。

17 縫線
用回針縫
將圖標線處以回針縫合。

18 翻面
鬆緊帶為褲頭
翻至正面,紅色短褲完成。

衣服製作

19 **襪子原型**
型襪一隻

依圖示剪裁襪子。

0.8cm   0.8cm

20 **剪袖口**
長約0.8公分

依圖標實線處剪兩刀約0.8公分
開口。

21 **著裝**
穿上衣褲

將衣服和褲子穿在小木偶身
上，衣服上黏貼上用藍色不織
布剪下的蝴蝶結裝飾。

帽子製作

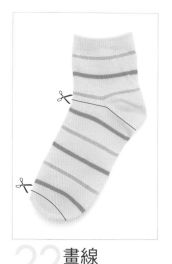

22 **畫線**
側面攤平

黃色彩紋短襪一隻，依圖示位
置畫上裁剪線。

23 **剪形狀**
用剪刀剪下

依圖示剪裁襪子。

24 **做帽球**
紮一束毛線

將紅色毛線繞於手上數圈，頂
端以紅線綁緊。（詳細作法參
考P.067）。

25 縮縫
加入毛線打結

襪材一端縮縫，縮口時加入毛
線，拉緊後，針線往毛線中心
穿梭來回三次，增強牢固，再
打結。

好帥喔！

完成

26 組合
長度可修整

可依實際狀況修剪帽子長度，最後幫小木偶戴上帽子，完成。

貓小P的話

製作小木偶的時候，我希望他的手與腳可以擺
動，因此設計了特別的造型與做法，以區隔出
人偶與木偶的不同。為了發揮襪子娃娃的特
色，所以帽子、衣服、褲子當然也用襪子製作
囉！

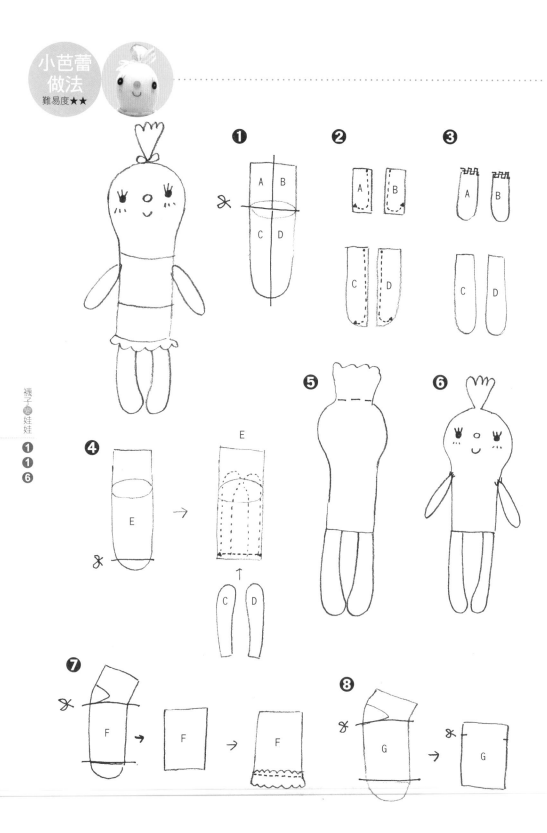

小芭蕾
做法
難易度★★

襪子♥娃娃
❶
❶
❻

❶

A B
C D

❷
A B
C D

❸
A B
C D

❹
E → E
C D

❺

❻

❼
F → F → F

❽
G → G

材料：白色短襪一雙‧粉紅、桃紅襪一各隻。
部位：AB手‧C.D腳‧E身體

❶剪裁
一隻襪子翻至反面依圖示剪裁。

❷製作雙手、雙腳
A、B、C、D圖標線以回針縫合。

❸塞入棉花縫合
翻至正面，塞入適量棉花，其中手的開口以藏針縫合。

❹製作身體與雙腳的組合
第二隻E身體襪子翻至裡面，依圖示剪裁，將雙腳置入襪內放在點點標線位
置上，再在虛線處以回針縫合。

❺翻面塞入棉花
縫合後翻至正面，先塞入長橢圓型適量棉花填身體處，再塞入一球棉花至
身體頭部。

❻製作頭飾
頭上開口處以縮縫縫合，頭上的襪材不需收進裡部，保留在
外頭好像一朵花，當做娃娃頭部裝飾，縫上雙手，臉
上表情。

❼製作裙子
F群依圖示剪裁，在一端開口以回針縫上緞帶，當做
裙擺。

❽製作裙子
依圖示剪裁，在兩側標示處各剪一刀約1公
分開口。

❾穿衣
將衣服、裙子穿在娃娃身上，完成。

斑點小狗
做法
難易度★

B身體

C耳

C耳

D尾巴

A頭

1 襪子原型
側面整平
黑色小點點的短襪一隻。

2 剪形狀
標示各部位
依圖示剪裁襪子。

★101忠狗

12345

狗媽媽說：小寶貝起床了，今天出去走走。

小狗狗說：可是人家還想睡～

狗媽媽說：都到齊了嗎？

狗爸爸說：來排好隊，點個名12345。

走，出發啲以

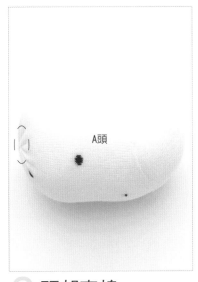

3 頭部塞棉
用一球塞法
揉一團棉花塞入，開口以縮口縫縫合。

4 身體塞棉
使用硬棉
揉一球棉花塞入，底部開口（非襪口鬆緊帶處）以縮口縫縫合。

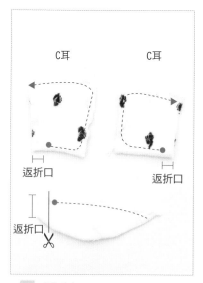

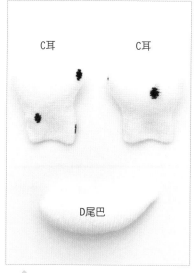

5 縫線
預留返折口

翻反面後，以回針縫合，留1.5公分返折口。

6 耳尾塞棉
使用軟棉

耳朵與尾巴塞入適當棉花後，耳朵折口以藏針縫合，尾巴開口可先做簡單縮縫。

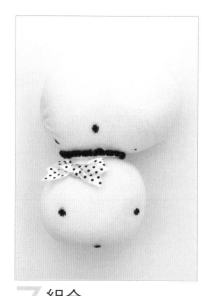

7 組合
利用對位法

頭與身體組合，襪口的花邊外翻，把頭和花邊以藏針縫合，利用對位法可以讓角度更精確（詳細作法參考P）。

8 縫耳朵
捲針固定

耳朵以捲針縫至頭上適宜處。

襪子娃娃

120

9 縫尾巴
藏針固定

尾巴縫製身體背後適宜處。

10 縫表情
鼻子用貼布縫

剪下二個黑色小圓，以保麗龍膠貼在耳朵前方，眼睛斜角縫上紅色腮紅，於鼻子下方縫上微笑，再用棕色橢圓不織布以貼布縫當鼻子，完成。

貓小P的話

為了製作101忠狗中的大麥町斑點狗，特別找來有黑色小點的白襪子，依據襪材尺寸與大小來設計Q版的斑點小狗，而襪子本身的黑色波浪花邊與蝴蝶結，剛好成了小狗狗脖子上的裝飾。

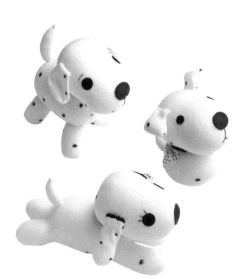

❶

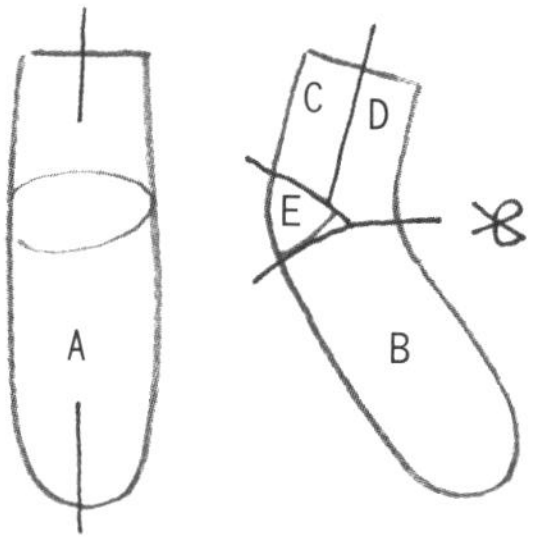

C D
E
A B

❷

A   A

返折口

棉花

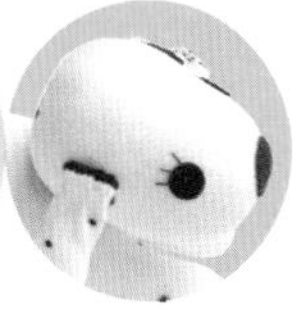

❸

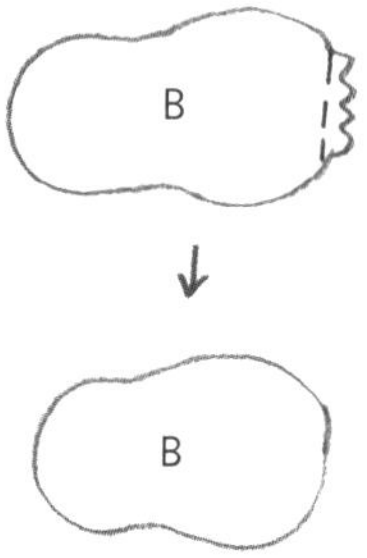

B

↓

B

❹ C   D

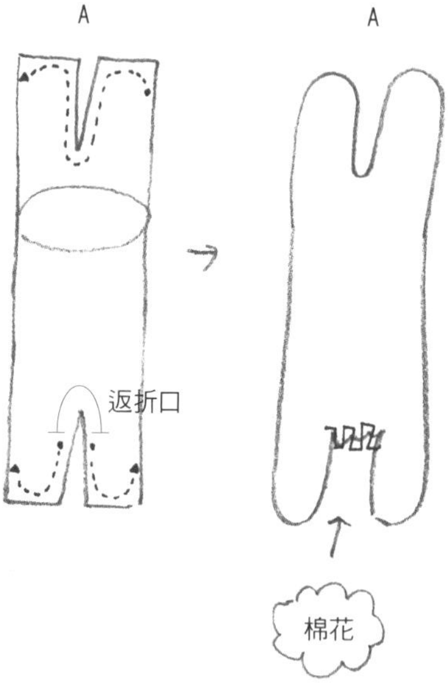

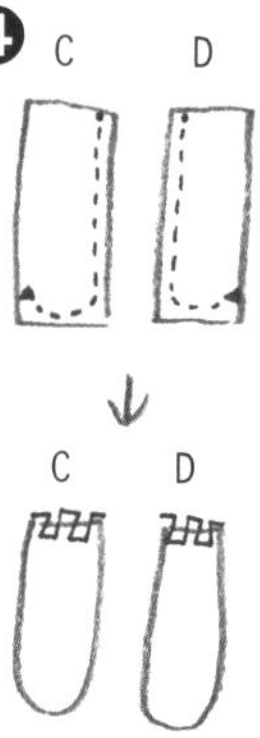

C   D

❺   E   →   E

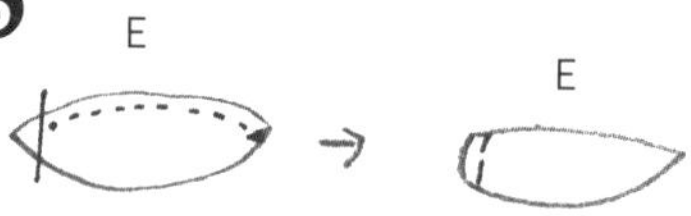

❻

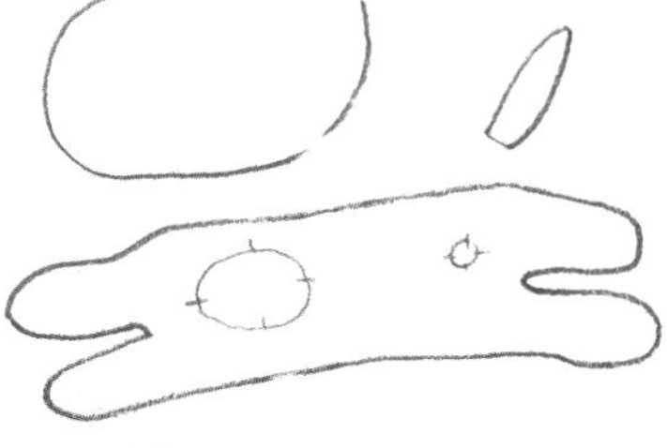

❼

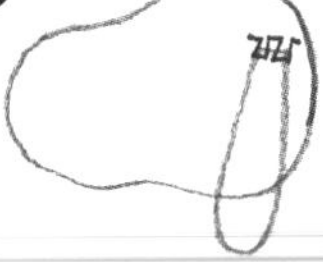

❽

材料：圓點白襪一雙
部位：A身體‧B頭‧C、D耳朵‧E尾巴

❶剪裁
襪子A翻反面，B正面，依圖示剪裁。

❷製作身體
A身體依圖標線以回針縫合，留返折口，翻至正面，塞入適量棉花，開口處
以藏針縫合。

❸製作頭部
B頭塞入兩球棉花，開口處做縮口縫合。

❹製作耳朵
C、D耳朵翻至反面，標線以回針縫合，翻至正面，塞入少許棉花，以藏針
縫合。

❺製作尾巴
E尾巴反面標線以回針縫合，留返折口，翻至正面，塞入適量棉花，以縮口
縫合。

❻組合
頭以藏針縫至身體適宜位置，尾巴以藏針縫至身體後方適宜處。

❼製作耳朵
耳朵以捲針縫至頭部兩側，

❽表情
縫上狗狗的眼睛、鼻子和表情，完成。

*七隻小羊

排排坐拍照

大家來合照一張吧！

粉紅小羊：偷偷跟妳說……

紅小羊：我最喜歡吃草莓蛋糕了……

綠小羊：我東西掉了，幫忙撿一下。

黃臉小羊：等一下午餐吃什麼好？

藍小羊：大家好了沒？

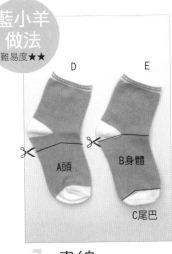

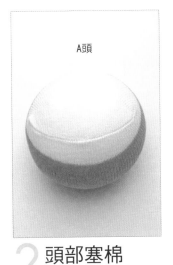

1 **畫線**
標示各部位

依圖示剪裁襪子。

2 **頭部塞棉**
白色位置當臉

頭部塞入棉花,開口以縮口縫縫合。

3 **身體塞棉**
上下開口縮縫

身體塞入棉花,上下兩邊開口以縮口縫縫合。

四肢製作

5 **剪形狀**
翻面再剪

將剩餘襪材D、E翻至反面,依圖標示剪裁襪子。

6 **縫線**
縫合三邊

依圖標線以回針縫縫合,預留返折口。

7 **四肢塞棉**
翻正之後塞棉

翻至正面塞入適量棉花,手的開口以藏針縫縫合,腳的開口以縮口縫縫合。

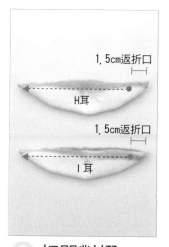

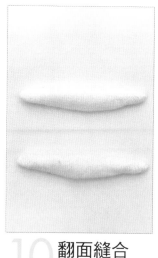

8 剪下
利用腳跟處

剪下白色襪子腳跟處。

9 打開對褶
褶成長條狀

打開後往另一面對摺,依圖標線位置以回針縫合,預留1.5公分。

10 翻面縫合
藏針封口

翻至正面後,返折口處以藏針縫合。

尾巴製作

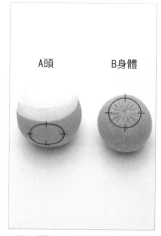

11 剪形狀
腳尖當尾巴

依圖標線畫出狀似橢圓的弧線,以回針縫合邊緣,預留1.5公分返折口。

12 塞棉
縮口封口

翻至正面,塞入適量棉花,折口以縮縫縫合。

13 對位
上下左右定位

頭與身體畫圓,並在對應的上下左右位置標示。

14 縫合
臉部朝前

以藏針縫合，下針時注意上對上、下對下、左對左、右對右。

15 組合
利用珠針調整

在將各部位縫合前，先用珠針固定以調整適合的位置，之後將耳朵以捲針縫在頭部適宜處，雙手以捲針各縫於身體兩側，雙腳以藏針縫在身體下方。

16 縫尾巴
用藏針縫

尾巴縫在身體背面適宜處。

17 種頭髮
使用白毛線

在頭上以回針縫上些許毛線。

18 縫表情
ㄚ字鼻

完成

縫上二顆黑色糖果珠當眼睛，在兩眼之間縫上ㄚ字，完成。

換顏色又有不同的風貌喔！

★桃太郎

桃子第一團

今天想去哪裡玩？桃子第一團就要出發啦！

小猴說：來攀岩好了。

雉雞說：好累喔，爬樹可以嗎？

白狗說：可是，我想去看花耶

桃子說：那大家再想想，在這裡發呆也好！

桃太郎

❶
❷
❾

1 襪子原型
咖啡色塊短襪一雙
左為側面；右為背面，腳跟朝上。

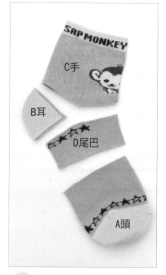

2 剪形狀
標示各部位
依圖示剪裁襪子。

3 頭部塞棉
縮口封口
揉一球棉花塞入頭部，開口以縮縫縫合。

4 畫線裁剪
另一隻襪翻到反面
取另一隻襪子，翻至反面，腳跟處整平，依圖示剪裁襪子。

5 縫邊
叉開處要細縫
圖標線處以回針縫合，叉開處針腳要縫細一點，棉花才不會露出來。

6 身體塞棉
腳和身體分開塞
翻至正面，取適量棉花塞入二腳，再取一球棉花塞滿身體。

小猴子做法
難易度★☆

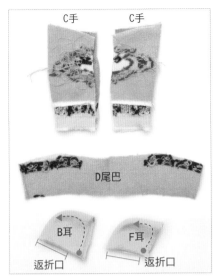

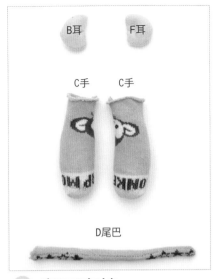

7 餘布裁剪
以回針縫邊

將剩餘襪材翻至反面，依圖示剪裁，標線處以回針縫合，預留返折口翻面。

8 翻面塞棉
藏針縫封口

翻至正面，塞入適量棉花，開口以藏針縫合（尾巴製作見步驟11、12、13）。

9 縫合頭身
藏針縫最適合

頭與身體以藏針縫合。

10 縫耳朵
左右招風耳

耳朵縫在頭部左右二側適宜處。

11 剪開
打開呈長條狀
剪開襪材一端，打開後會變成一長條狀。

12 對摺
縫邊預留返折處
背面上下對摺，依圖標線以回針縫合，一端留返折口。

13 翻面
可用竹筷輔助
長條狀不好翻面，可以利用竹筷幫助翻至正面，尾巴不必塞棉花。

14 縫手和尾巴
手外側加鈕扣
在手外側加上鈕扣把手縫上，在身體後以藏針縫上尾巴。

完成

15 縫表情
縫上雙U嘴巴
縫上短短二條眉毛，以不織布剪下黑色眼睛和棕色鼻子，貼上之後，完成。

貓小P的話
選用腳尖與腳跟有色塊的襪子設計製作小猴子，色塊剛好成為小猴子的臉部，手與腳也有色塊區分手掌與腳底，這款襪子製作小猴子實在恰到好處，連襪子上都是小猴子圖案。製作小猴子並非一定要選用咖啡色的襪子，使用其他顏色的襪子製作，也很可愛喔！

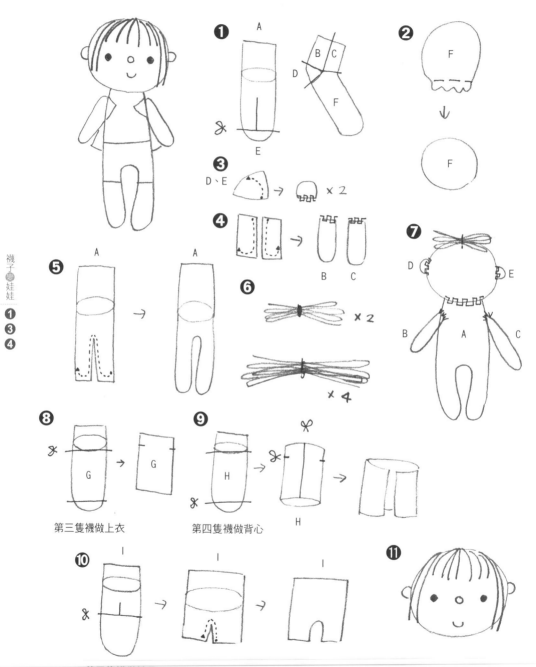

❶ A B C D F E

❷ F → F

❸ D、E → × 2

❹ → B C

❺ A → A

❻ × 2 × 4

❼ D E B A C

❽ G → G
第三隻襪做上衣

❾ H → H
第四隻襪做背心

❿ I → I → I
第五隻襪做褲子

⓫

襪子娃娃

❶
❸
❹

材料：白色短襪一雙・其他素色襪各一隻
部位：A頭・B、C手・D、E耳朵・F頭

❶剪裁

A身體反面、F頭正面襪子依圖示剪裁。

❷製作頭部

F頭塞入一球適量棉花，以縮口縫合。

❸製作一對耳朵

D、E耳朵反面，依圖標線以回針縫合，留返折口，
翻至正面，塞入少許棉花，以藏針縫合。

❹製作雙手

B、C手反面依圖標線以回針縫合，翻至正面 塞入適量棉花，以藏針縫合。

❺製作身體

A身體反面依圖標線以回針縫合，翻至正面，塞入棉花。

❻製作頭髮

毛線來回摺疊5～6次，中間綁緊。10公分做2組，16公分做4組。

❼組合

頭以藏針縫至身體上，雙手以釦子或捲針縫至身體兩側，耳朵以藏針縫至
頭部兩側。從頭頂部開始，往後呈一直線，將頭髮以回針縫至頭部，先縫
10公分再縫16公分。

❽製作衣服

G衣服依圖示剪裁，在兩側各剪一刀約1公分開口。

❾製作背心

H背心依圖示剪裁，在兩側各剪一刀約0.8公分開口，再將襪子中間剪開。

❿褲子製作

I褲子反面依圖示剪裁，在圖標線以回針縫合，翻至正面。

⓫穿衣

將衣服褲子穿在娃娃身上，修剪頭髮，先剪開毛線，再修剪長短。

桃太郎

❶
❸
❺

❶

❷

❸ →

❹

❺

材料：五趾襪一隻

❶剪裁
五趾襪一隻，塞入一球棉花。

❷縫合
將大趾頭往襪內塞，並用藏針縫合。

❸製作尾巴
再塞入一球棉花，底下開口縮縫縫合，襪緣
當做雞的尾巴。

❹製作頭與身體
頭與身體摺起，以藏針縫合。

❺表情
縫上表情，貼上嘴巴。

桃
太
郎

❶
❸
❼

★野兔與刺蝟

森林大樹下

野兔說：球球，你們終於來了。

球球刺蝟說：兔子，你家可真難找。

野兔說：會嗎？就在森林里森林路大樹下。

另一隻球球說：不會吧？我們剛才跑到另一個

森林裡，發現到處都是大樹

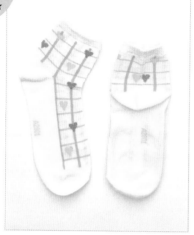

1 襪子原型
花紋短襪一雙
可選擇有花朵圖案的襪子。

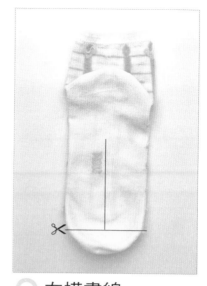

2 左襪畫線
用消失筆標示
一隻襪子翻至反面,腳跟朝上整平,
依圖示標示剪裁線。

3 縫邊
剪完形狀回針縫
頭部依圖標線以回針縫合後,翻至正
面。

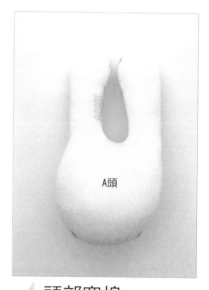

4 頭部塞棉
縮口縫封口
取適量棉花先塞耳朵部份,再取一球
棉花塞入頭部,開口以縮縫縫合。

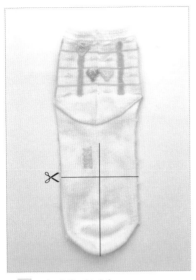

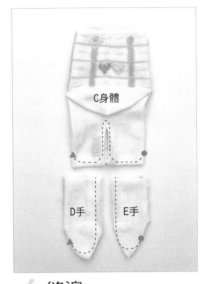

5 右襪畫線
以消失筆標示

另一隻襪子翻至反面腳跟朝上整平，
依圖示剪裁襪子。

6 縫邊
剪完形狀回針縫

依圖標線以回針縫合。

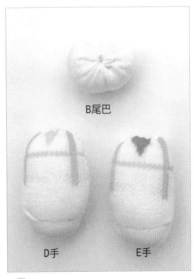

7 身體塞棉
翻正面再塞

身體翻至正面，取適量棉花塞入。

8 手尾塞棉
使用軟棉花

手：翻至正面，取適量棉花塞入，開
口處以藏針縫合。
尾巴：平針縮縫拉起，成一小袋狀，
塞入適量棉花後，線拉緊，最後打結
固定，尾巴成一個橢圓型。

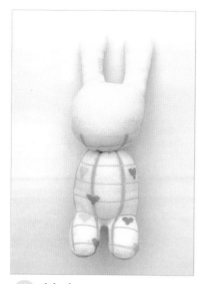

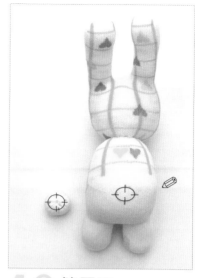

9 接合
對正後畫圓

頭與身體縫合處各畫出一個差不多大小的圈，並在圈上畫出上、下、左、右四個點，便於對位，然後以藏針縫縫合。

10 縫尾巴
使用對位法

在身體和尾巴的縫合處各畫出一個差不多大小的圈，並在圈上畫出上、下、左、右四個點，便於對位，將尾巴縫製身體背面適宜處。

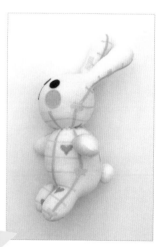

完成 ⭐

11 縫手
畫線對齊

在身體側邊欲縫上手的位置，畫一條線，將手貼齊線，以捲針縫合。

12 縫表情
縫上粉紅大腮紅

剪下二個黑色小圓當眼睛、一個紅色小圓當鼻子、二個粉紅中圓當腮紅，最後在鼻子下方縫上一直線，完成。

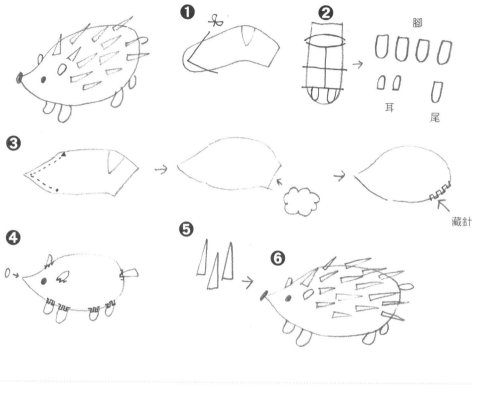

❶

❷ 　腳

耳　　尾

❸

藏針

❹

❺　❻

材料：素色襪子一雙
部位：A身體‧B、C、D、E腳‧F、G耳朵‧H尾巴

❶剪裁
A身體依圖示剪裁襪子。

❷製作腳與耳朵
製作四隻腳，兩個小耳朵，一個短尾巴。

❸製作身體
A身體圖標線以回針縫合，翻至正面塞入棉花，開口以藏針　　縫合。

❹組合
將耳朵、四隻腳與尾巴 以藏針縫至身體適宜位置。並黏上鼻子與眼睛。

❺製作身上的刺
將不織布剪出很多尖尖的三角形，當做刺蝟的身上的刺。

❻黏貼刺
將三角形錯落有致地黏貼在刺蝟身體上，
完成。

野兔與刺蝟

❶
❹
❺

★三隻小熊

意外的小客人

熊爸爸說：有可疑腳印！

熊媽媽說：有人喝光了我的茶！

小熊說：有人睡在我的床上！

熊媽媽：噓，小聲點，
別把她吵醒了。

熊爸爸：是個小女孩。

小熊說：呀！她好可愛喔。

三隻小熊

1
4
7

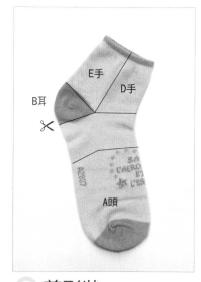

1 襪子原型
色塊短襪一雙
左襪腳跟朝上，右襪側面攤平。

2 剪形狀
標示各部位
將右襪子依圖示剪裁。

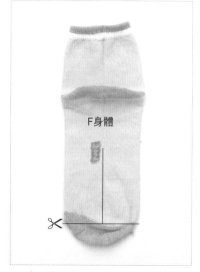

3 頭部塞棉
使用硬棉
揉一球棉花塞入頭部，開口處以縮縫
縫合。

4 裁剪
翻背面再剪
另一隻襪子翻至反面，依圖示剪裁襪
子。

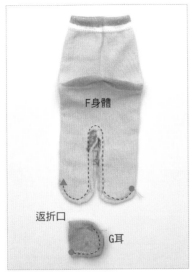

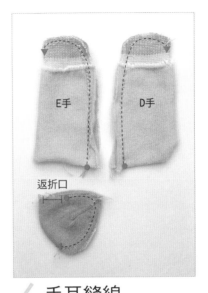

5 縫邊
縫上回針縫

參考圖上標示線，身體的雙腳部份以回針縫合，耳B以回針縫出半圓，底部留返折口。

6 手耳縫線
耳朵要留返折口

參考圖上標示線，手以回針縫合，耳1以回針縫出半圓，底部留返折口。

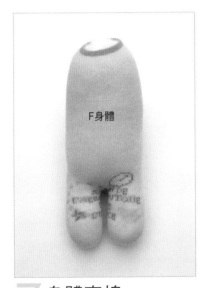

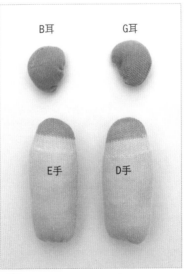

7 身體塞棉
棉球揉成橢圓狀

將步驟5完成的身體翻至正面，二腳塞入適量棉花，再揉一橢圓棉球塞入身體。

8 手、耳塞棉
使用軟棉

將步驟6完成的手、耳朵翻至正面後，塞入適量棉花，以藏針將開口縫合。

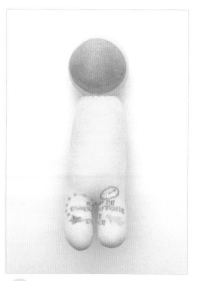

9 組合
色塊當作臉部
將頭與身體以藏針縫合。

10 縫耳朵
用藏針縫
耳朵縫至頭上適宜處。

11 縫手
頭部下方約1公分
將雙手縫至身體適宜處。

完成

12 縫表情

鼻子處入針,眼睛處出針,縫黑色油珠當作眼睛,回到鼻子處打結。眼睛下方縫上腮紅,在鼻子下方縫上一直線,剪一個棕色小圓當鼻子以貼布縫縫合,完成。

🐱 貓小P的話

選用色塊襪設計製作小熊娃娃,讓色塊剛好成為小熊臉部重點,小熊的手部也是利用襪子口鬆緊帶的顏色區分來做為手掌部份。

★西遊記

大家最想做什麼

走了很遠的路，翻山越嶺，終於來到一片大草原。

唐三藏想：天氣真好，可是我得去西方取經。

孫悟空想：今天沒看到妖怪，偷懶一下好了。

豬八戒想：好熱好熱，真想泡個冷水澡。

沙悟淨想：這裡景致不錯，下次要帶小花出來玩。

白馬想：改天有休假，我想在草原上盡情奔跑！

1 襪子原型
攤平放置桌上

白色中筒襪一雙。

2 畫線
標示各部位

依圖示剪裁襪子。

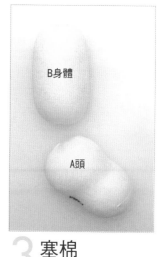

3 塞棉
縮縫封口

揉兩球棉花塞入頭部，開口以
縮縫縫合。揉一長橢圓型棉花
塞入身體，兩端開口以縮口縫
縫合。

4 組合
使用對位法

在頭和身體的縫合處各畫出一
個差不多大小的圈，並在圈上
畫出上、下、左、右四個點，
便於對位，將頭以藏針縫到身
體適宜處。

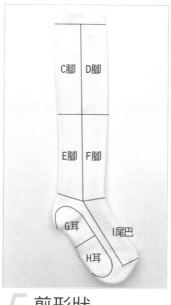

5 剪形狀
翻到反面再剪

另一隻襪子翻至反面，依圖示
剪裁，標示出各部位。

一起去
西方取經喔！

腳製作

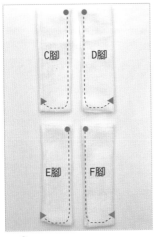

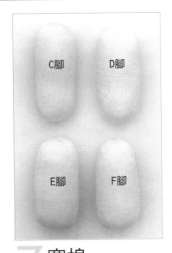

6 縫邊
預留返折口

依圖標線以回針縫邊，要預留
1公分的返折口。

7 塞棉
使用軟棉

翻至正面，塞入適量棉花，開
口以縮縫縫合。

耳朵製作

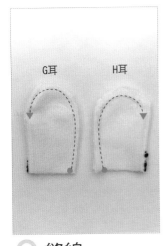

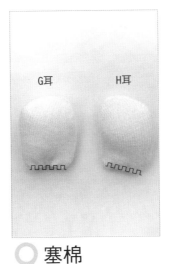

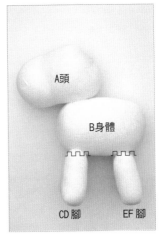

8 縫線
預留返折口

依圖標線以回針縫合，要預留
1公分的返折口。

9 塞棉
使用軟棉

翻至正面，塞入少許棉花，開
口以藏針縫合。

10 縫腳
使用藏針縫

將4隻腳以藏針縫製身體下
方。

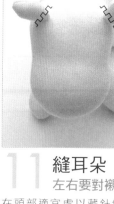

11 縫耳朵
左右要對襯

在頭部適宜處以藏針縫上耳朵。

12 做毛束
長短要整齊

製作8束毛線（毛束做法詳見P.067），7束毛線做鬃毛，1束做尾巴。

13 植鬃毛
間距要統一

以藏針將毛線縫在頭部。

尾巴製作

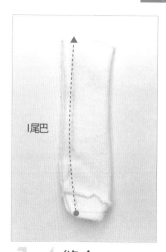

I尾巴

14 縫合
使用回針縫

依圖標線以回針縫合。

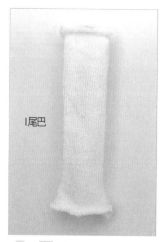

I尾巴

15 翻面
用竹筷輔助

用竹筷輔助翻至正面，成一個管狀。

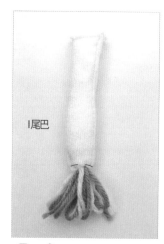

I尾巴

16 組合
縫上毛束

尾巴一端以縮縫，縮口時加入毛線尾巴，針線往毛線中心穿梭來回三次，增強牢固，再打結固定。

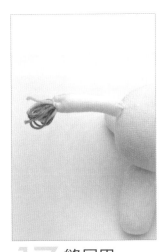

17 縫尾巴
使用藏針縫
尾巴縫在身體後面適宜處。

18 縫表情
鈕釦當眼睛
將鈕釦縫在頭部二側，用黃色
小鈕釦縫上當作鼻孔。

19 剪髮
剪開毛線會站立
剪開頭上的毛線，鬃毛會呈現
一根根直立的狀態。

載我去
西方取經喔！

完成

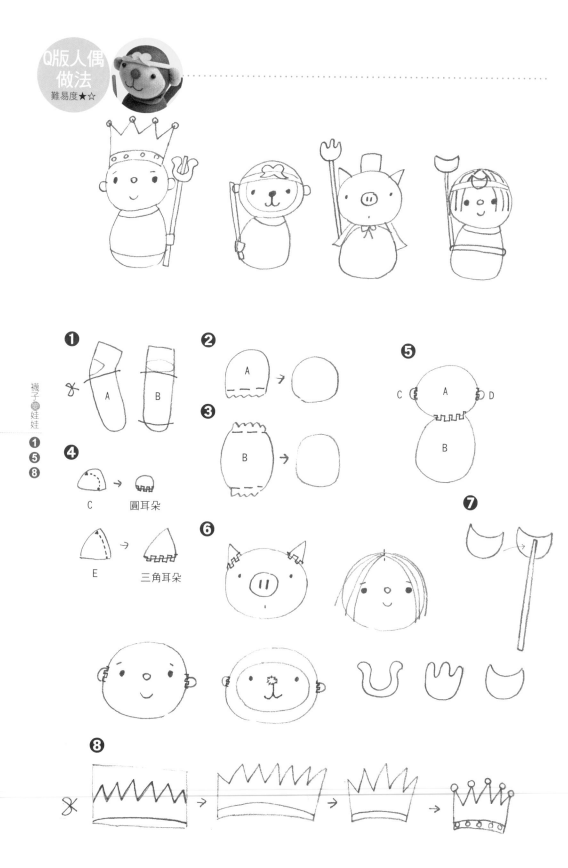

Q版人偶
做法
難易度★☆

襪子●娃娃
❶
❺
❽

❶

❷
A →

❸
B →

❹
C → 圓耳朵

E → 三角耳朵

❺
C A D
B

❻

❼

❽

材料：素色襪子各一雙
部位：A頭．B身體

❶剪裁

依圖示剪裁。

❷製作頭部

A頭塞入一球棉花，縮口縫合。

❸製作身體

B身體塞入一球棉花，兩端開口縮口縫合。

❹製作半圓或三角耳朵

圖標線以回針縫合，翻至正面，塞入少許棉花，以藏針縫合。

C半圓，唐三藏、孫悟空耳朵。

E三角形，豬八戒耳朵。

❺組合

剪下襪子的腳跟處二塊，頭與身體以藏針縫合，耳朵縫於頭部適宜位置。

❻製作表情

孫悟空、豬八戒、沙悟淨、唐三藏。前置步驟頭與身體組合，耳朵不一樣，皆同，表情如圖可變化。

❼製作法器

先免洗筷以壓克力顏色上色，待乾。將不織布剪裁形狀各兩片。將免洗筷貼在兩片不織布中間。

❽製作冠

不織布依圖示剪裁冠的形狀，再剪一條約1公分寬黏貼邊緣；將冠不織布弄成圈，縫合連接。不織布剪小圓點黏在冠上裝飾。

COPYRIGHT

腳丫文化

■ K043

襪子變娃娃

國家圖書館出版品預行編目資料

襪子變娃娃 / 貓小P著. 一第一版. 一臺北
市：腳丫文化，2010.01
面； 公分. --（腳丫文化；K043）
ISBN 978-986-7637-53-6（平裝）

1. 玩具 2. 手工藝

426.78   98023035

著 作 人：貓小P
社　　　長：吳榮斌
企 劃 編 輯：陳毓葳
美 術 設 計：游萬國
出 版 者：腳丫文化出版事業有限公司

業 務 部
地　　　址：241 新北市三重區光復路一段61巷27號11樓A
電　　　話：（02）2278-3158‧2278-2563
　　　　　：（02）2278-3168
E - m a i l：cosmax27@ms76.hinet.net
法 律 顧 問：鄭玉燦律師 （02）2915-5229

定　　　價：新台幣 250 元
發 行 日：2010 年 1 月　第一版　第 1 刷
　　　　　2016 年 2 月　　　　　第 5 刷